国外高等院校建筑学专业教材

建筑平面及剖面表现方法

原书第二版

[美]托马斯·C.王 著　　何华 译

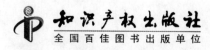

知识产权出版社
全国百佳图书出版单位

中国水利水电出版社
www.waterpub.com.cn

内容提要

　　本书系"国外高等院校建筑学专业教材"之一，书中不仅汇集了大量的平面图和剖面图，更强调了平面图和剖面图绘制中"为什么这样做"和"怎样做"等问题。除了探讨绘图的基本技巧，本书也讲述了一些在绘图中如何进行取舍的诀窍。本书最后辩证地讨论了计算机绘图的利与弊。

　　本书可供建筑设计人员及相关专业师生参考。

责任编辑：段红梅　张　冰

图书在版编目（CIP）数据

建筑平面及剖面表现方法：第 2 版 /（美）王（Wang，T. C.）著；何华译 . —北京：知识产权出版社：中国水利水电出版社，2012.7

书名原文：Plan and Section Drawing

国外高等院校建筑学专业教材

ISBN 978－7－5130－1259－1

Ⅰ.①建… Ⅱ.①王… ②何… Ⅲ.①建筑制图－高等学校－教材

Ⅳ.①TU204

中国版本图书馆 CIP 数据核字（2012）第 068309 号

原书名：Plan and Section Drawing，Second Edition

Copyright © 1996 by John Wiley & Sons，Inc.

All rights reserved. Authorized translation from English language edition published by John Wiley & Sons，Inc.

　　本书由 John Wiley & Sons International Rights，Inc. 正式授权知识产权出版社和中国水利水电出版社在全世界以简体中文翻译、出版、发行。未经出版者书面许可，不得以任何方式和方法复制、抄袭本书的任何部分，违者皆须承担全部民事责任及刑事责任。本书封面贴有防伪标志，无此标志，不得以任何方式进行销售或从事与之相关的任何活动。

国外高等院校建筑学专业教材
建筑平面及剖面表现方法　原书第二版
JIANZHU PINGMIAN JI POUMIAN BIAOXIAN FANGFA
［美］托马斯·C. 王　著　　何华　译

出版发行：	知识产权出版社　中国水利水电出版社		
社　　址：	北京市海淀区马甸南村 1 号	邮　　编：	100088
网　　址：	http：//www.ipph.cn	邮　　箱：	bjb@cnipr.com
发行电话：	010－82000860 转 8101/8102	传　　真：	010－82005070/82000893
责编电话：	010－82000860 转 8024	责编邮箱：	zhangbing@cnipr.com
印　　刷：	知识产权出版社电子制印中心	经　　销：	新华书店及相关销售网点
开　　本：	787mm×1092mm　1/16	印　　张：	9.75
版　　次：	2005 年 8 月第 1 版	印　　次：	2009 年 1 月第 2 次印刷
字　　数：	310 千字	定　　价：	32.00 元

京权图字：01－2003－7595

ISBN 978－7－5130－1259－1/TU·049 （4139）

谨以此书献给我的妻子杰奎琳，儿子约瑟夫、安德鲁和马修。

致谢

第 14～17 页： JJR 公司，安阿伯，密歇根州

第 20～21 页： JJR 公司，安阿伯，密歇根州

第 26 页： JJR 公司，安阿伯，密歇根州

第 27～28 页： 王氏国际联合公司，林肯，马萨诸塞州

第 30 页： 王氏国际联合公司，林肯，马萨诸塞州（左图和中图）；

JJR 公司，安阿伯，密歇根州（右图）

第 33～34 页： JJR 公司，安阿伯，密歇根州

第 49 页： EDAW 公司，柯林斯堡，科罗拉多州

第 50 页： 密歇根大学学生作品，安阿伯，密歇根州

第 59 页： 密歇根大学学生作品，安阿伯，密歇根州

第 67 页： JJR 公司，安阿伯，密歇根州

第 80 页： JJR 公司，安阿伯，密歇根州

第 82 页： EDAW 公司，柯林斯堡，科罗拉多州（左图）；

JJR 公司，安阿伯，密歇根州（右图）

第 83 页： 密歇根大学学生作品，安阿伯，密歇根州

第 86～87 页： EDAW 公司，柯林斯堡，科罗拉多州

第 88 页： 米切尔·纳尔逊和韦尔伯恩·赖曼合伙公司，波特兰，俄勒冈州（右图）；

JJR 公司，安阿伯，密歇根州（左图）

第 90 页： 米切尔·纳尔逊和韦尔伯恩·赖曼合伙公司，波特兰，俄勒冈州

第 99 页： EDAW 公司，柯林斯堡，科罗拉多州

第 118 页： EDAW 公司，柯林斯堡，科罗拉多州

第 133 页： 密歇根大学学生作品，安阿伯，密歇根州

第 136～138 页： 密歇根大学学生作品，安阿伯，密歇根州

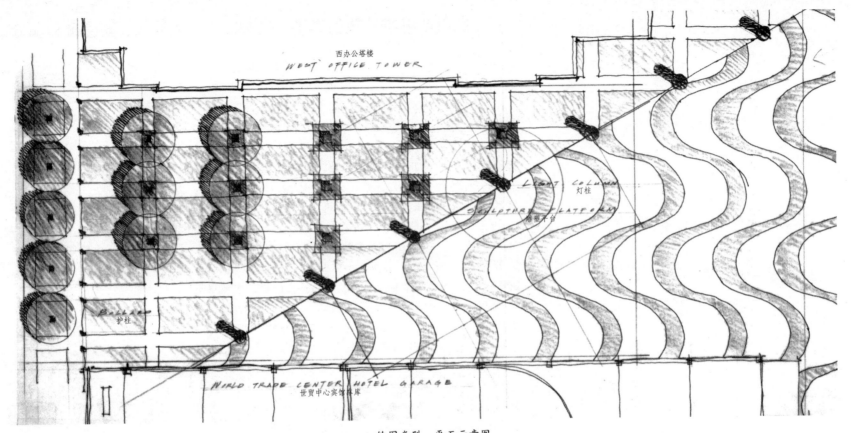

西办公塔楼
WEST OFFICE TOWER

LIGHT COLUMN
灯柱

SCULPTURE PLATFORM
雕塑平台

护柱

WORLD TRADE CENTER HOTEL GARAGE
世贸中心宾馆车库

绘图类型：平面示意图
主题：城市公园
介质／技法：用圆珠笔和彩色铅笔绘制在白色描图纸上
原始尺寸：30in × 16in(76cm × 41cm)
来源：王氏国际联合公司

前　言

对《建筑平面及剖面表现方法》进行修订的目的是更新其内容，以更好地满足现在用户的需要和适应当代设计中图形表现的潮流。尽管15年前的教学计划到目前为止仍然正确和完整，但其中大部分例子在我看来都已过时了。我们有了新的观察和记录图像的方法以及新的表现手段。计算机技术和复印技术的发展促成了全新图像传达技术的出现，从而引起了这些变化。本书的目的是在设计教学的背景下讲授平面图与剖面图的表现方法，所以我认为在这本新版书里包括这些新的传达手段是十分重要的。这本书不是要编成一本仅仅汇集平面图和剖面图的"参考图集"，而是要强调平面图和剖面图绘制中诸如"为什么这样做"和"怎样做"等问题。除了探讨绘图的基本技巧，我同时希望本书以某种神奇的方式慢慢地灌输一些在绘图中如何进行取舍的诀窍。我还希望本书能帮助和指导那些即将开始使用图形进行设计表达的初学者。

译　序

平面图、立面图、剖面图是设计师的"视觉语言"，它们不仅真实地记载了设计者的创作历程，更是设计师与他人沟通的重要桥梁，所以绘制这些图形是每个设计师必备的基本技能。但是，相关的制图书籍大多是投影、透视的基本原理以及图形绘制的基本方法，很少涉及图形绘制的细节。本书主要从细节入手，例如用图例来表示植物，可以用三种各具特点的方法：枝条法、轮廓法、纹理法，我们应该根据表达的主题确定选用哪一种，本书第8章就提供了这方面的详细指导意见，以及图例的具体绘制步骤。

本书很少讲述枯燥的基本理论，而是从具体的案例入手，强调各种技法的实用性。首先，根据设计步骤，作者分别阐述了示意图、初步设计图、方案图、施工图绘制的特点、演变过程、注意事项等，然后，进一步说明了平面图、剖面图、立面图三种表达手段的特点及其局限，其中还涉及了各种设计要素，如建筑物、植物、水体、装饰铺装等，并举例说明如何从图形整体效果出发选用各要素的适宜表现方法。

今天，计算机辅助制图已经成为设计业的主流，本书最后也给出了计算机绘图的有益忠告。但是，即使用计算机绘图，也必须首先建立自己的图例库，否则设计图将成为千人一面的"机械图式"。果真如此，那将是我们的悲哀，因为建筑和景观需要艺术，艺术需要创新和个性。

本书不但适用于手绘图，对计算机制图也颇有帮助，若您放下手中关于计算机辅助设计的相关书籍，静下来把本书看完，您定会获益匪浅，绘制出特点鲜明的计算机表现图。

本书翻译过程中，得到了很多人的大力支持。首先感谢魏建华女士的无私协助，没有她的支持，本书将很难顺利完稿；还要感谢何祖武教授的指导，他为本书的译文提出了许多宝贵的修正意见；最后感谢教研室同仁和学院学生的帮助。

译者

2005 年 4 月

目 录

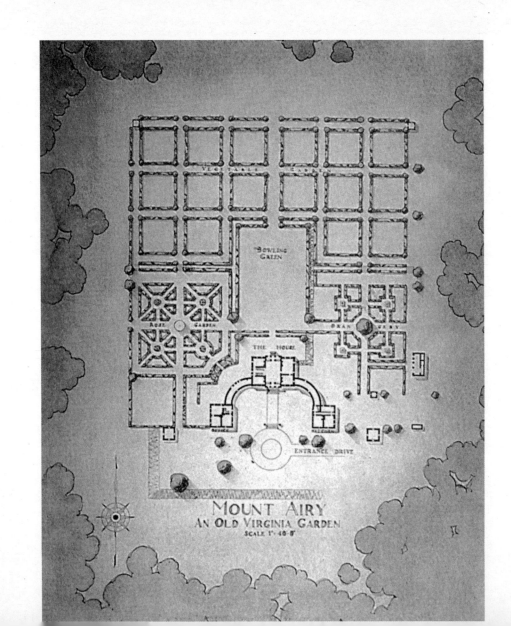

绘图类型：总平面图
主题：历史资料图纸
介质／技法：水彩
原始尺寸：36in × 24in（91cm × 61cm）
来源：伊利诺伊大学景观建筑系档案

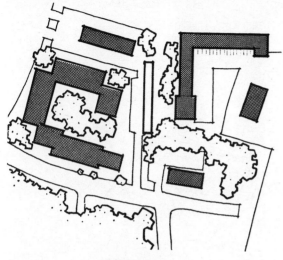

用地平面图

航拍照片

概念

　　平面图和剖面图是设计师在表达设计思想时最常用的绘图形式。平面图是水平方向上的设计，而剖面图则是垂直方向上的设计。平面图和剖面图既解释和说明了设计的意图，又记录了设计的演变过程。由于设计是一个线性的演变过程，平面图与剖面图就可以而且必然会呈现出各种各样的表现形式。而其中的每一种表现形式都有其独一无二的绘图表现技法。例如，设计初期那种随意而且不太精确的草图和泡泡图，与经过精心制作和着色后提交给客户的总平面图就迥然不同。它们针对的观众不同，因而使命不同。不同的表现形式和表达方式代表了设计进程中的不同阶段。尽管这些图纸的表现形式不同，但它们都随着设计过程的深入而不断完善，从一种表达形式演变到另一种表达形式，所以从设计原则上来说它们都是一脉相承的。在同一个设计方案中，所有图纸都是针对同一块场地，拥有相同的设计比例、设计纲要和设计意图，因此，理解这些表达形式的区别，并且知道如何在适当的情况下恰当地运用它们，这是非常重要的。

　　平面图是一种正射投影图。它非常类似于航拍照片，不仅可以显示出物体之间的水平距离，还可以显示出物体本身的形状。

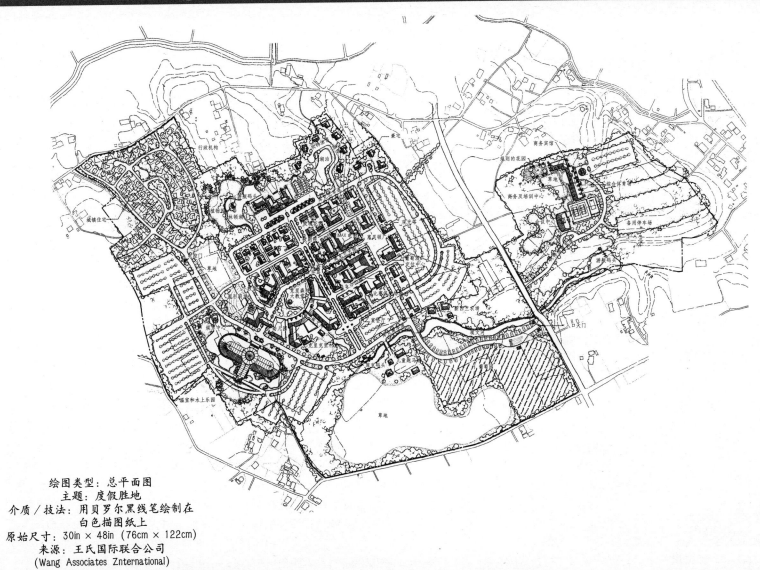

绘图类型：总平面图
主题：度假胜地
介质／技法：用贝罗尔黑线笔绘制在
白色描图纸上
原始尺寸：30in × 48in（76cm × 122cm）
来源：王氏国际联合公司
（Wang Associates Znternational）

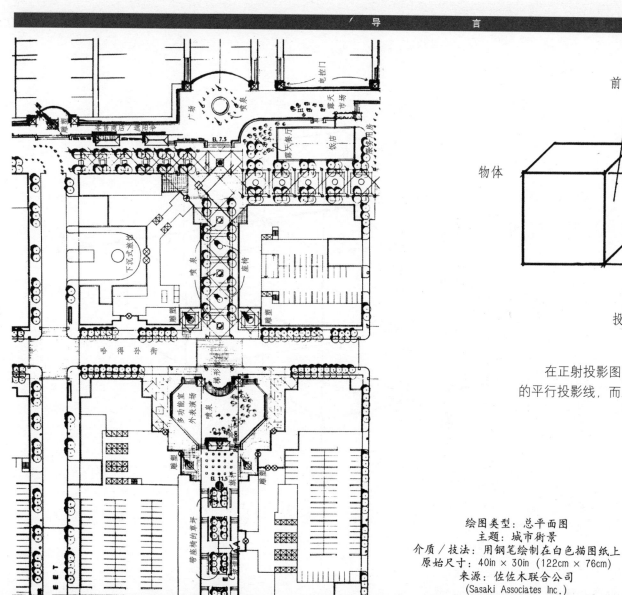

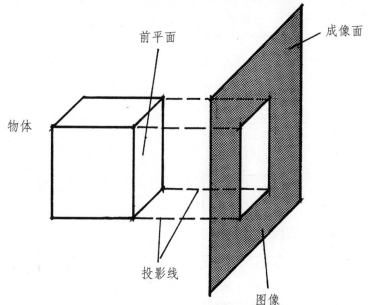

前平面

成像面

物体

投影线

图像

在正射投影图中成像面截取从物体的前平面投射而来的平行投影线，而且这些投影线总是垂直于成像面。

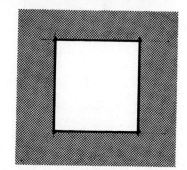

前视图

绘图类型：总平面图
主题：城市街景
介质／技法：用钢笔绘制在白色描图纸上
原始尺寸：40in × 30in (122cm × 76cm)
来源：佐佐木联合公司
(Sasaki Associates Inc.)

主视图

顶视图

侧视图

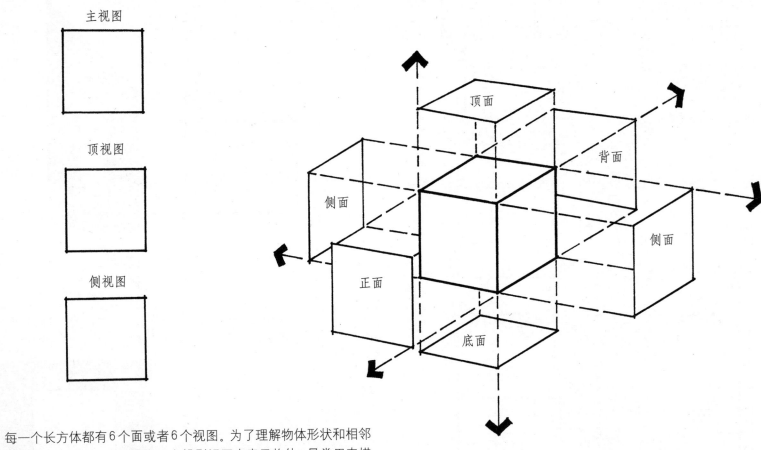

顶面

背面

侧面

侧面

正面

底面

　　每一个长方体都有6个面或者6个视图。为了理解物体形状和相邻平面之间的相互关系，我们通常用多投影视图来表示物体。最常用来描述物体形状的三个视图是顶视图、主视图和侧视图。多投影视图常用于要求精确测量和准确图像表达的产品设计。在建筑设计和景观建筑设计中，多投影视图常常采用不同的专用名称。顶视图与平面图同义，剖面图和立面图相当于侧视图。

地形图

建筑平面图

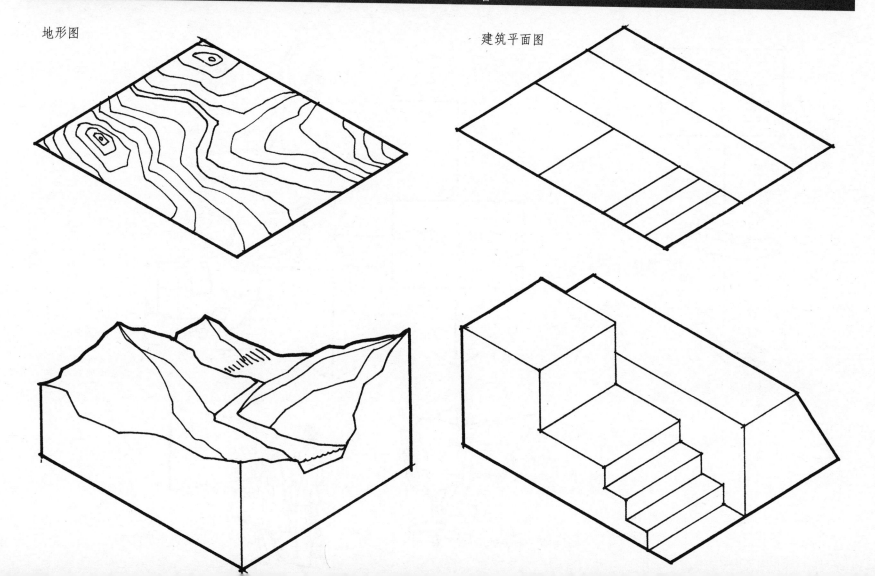

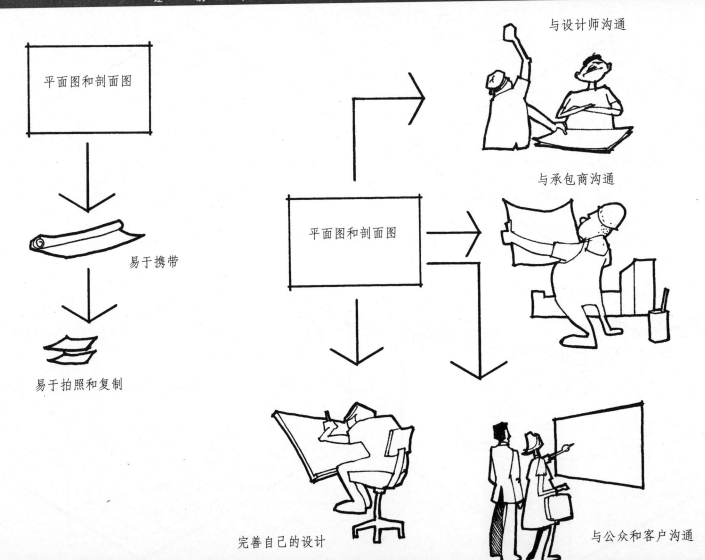

平面图和剖面图

易于携带

易于拍照和复制

平面图和剖面图

与设计师沟通

与承包商沟通

完善自己的设计

与公众和客户沟通

成果图与过程图

在多年的设计与制图的教学中,我最失望的是学生们经常只对所谓的"成果图"感兴趣。制图法的教学变成了传授如何绘制精致的成果图。这种偏好的原因是显而易见的。按照学生的理解,绘制精美漂亮的平面图和剖面图更容易得到认可。尽管没有证据表明精美的设计图意味着优秀的设计,但是大多数人都认为优秀的设计总是由精美的设计图来表达的。试图传授"过程图"常常遭遇惨败。因为这些过程图体现了鲜明的个性和独特的个人经历,这些系统化的个体信息由一个设计者传授给另一个设计者是非常困难的。

事实上,"成果图"和"过程图"的绘图素材是没有明显区别的。它们之间的转变要归结于设计意图和客户的需要。随着时间的推移,设计方案会不断完善,细节和表现方式也会相应地发生变化。我们应该记住,"成果"这一概念是人为规定的,它是由预期设计期限所界定的。在设计过程中出现的任何设计图纸应该都可以作为"成果图"予以提交。只要具有相同的比例和设计深度,任何图纸、平面图、剖面图都可以作为"成果图"提交。这些图纸同时也是我们的"过程图"。

遗憾的是,在当时的学术氛围下,人们要求设计师在预定期限内提交精致的图纸。

本来这样做,人们只是从设计的角度希望提交规范的成果图,但是这一美好初衷却逐渐开始小题大作。人们将过多的注意力放在"包装"成果图上,以致于设计思想和设计质量成了次要问题。当然,有人可能会认为成果图是设计过程的一个组成部分,所以我们应该仔细地包装这部分用以展示的提交成果。事实上这种观点并不是没有道理,因为在现实中我们正是这么做的。成果图的完成要投入大量的时间和金钱,它甚至可以决定一个项目的成败。我们应该让学生们接触各种各样的成果图,并传授他们绘制这些成果图的技巧。但是,必须让他们意识到这些技巧的成本和它们能带来的益处,这样他们才能在学习和工作中作出明智的选择。

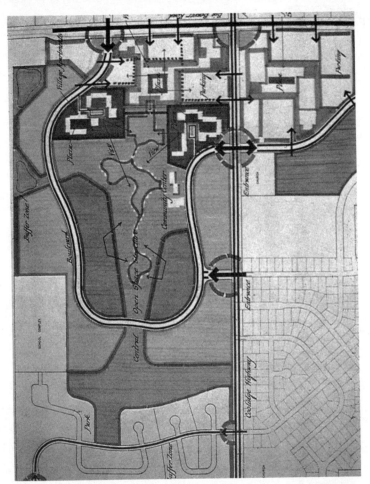
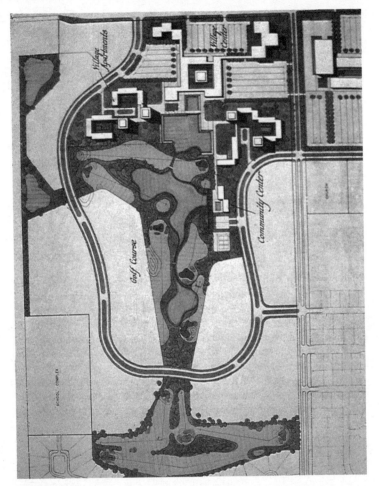

绘图类型：总平面示意图
主题：高尔夫社区
介质／技法：用马克笔绘制在黑色网纹纸上
原始尺寸：36in × 24in（91cm × 61cm）
来源：JJR 公司

第9、10、11、12页：
绘图类型：构想性规划、总平面图、用地平面图、剖
面图和立面图
主题：公共建筑规划
介质／技法：用针管笔绘制在白色描图纸上
原始尺寸：34in × 48in（86cm × 122cm）
来源：王氏国际联合公司

SITE PLAN

PLACE DES NATIONS

用地平面图
民族广场

概念设计总平面图
民族广场
CONCEPTUAL MASTER PLAN
'PLACE DES NATION'
1:2000

EXISTING FIGURE-GROUND (BUILDING)　现状图（建筑）

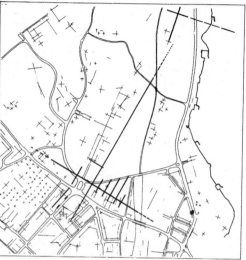

PROPOSED AXES (ORGANIZATIONAL DEVICE) OVERLAY ON EXISTING ARCHITECTURAL AXES

覆盖在现有建筑轴线之上的规划轴线
（有组织的设计）

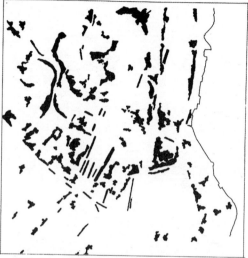

EXISTING FIGURE-GROUND (TREES)　现状图（树木）

PROPOSED FIGURE-GROUND (BUILDINGS)　规划图（建筑）

PROPOSED FIGURE-GROUND (TREES)　规划图（树木）

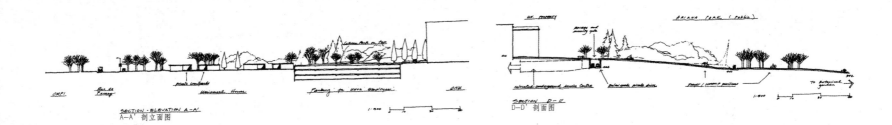

SECTION · ELEVATION A-A'
A-A' 剖立面图

SECTION D-D'
D-D' 剖面图

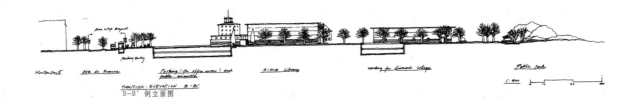

SECTION · ELEVATION B-B'
B-B' 剖立面图

ELEVATION C-C'
C-C' 立面图

设计过程

传统上标准的设计过程包括初步设计（概念设计）、方案设计、扩初设计、施工文件设计、投标文件设计、工程监理。也许除了投标文件设计过程，其他各个过程都要广泛地使用形式多样的平面图和剖面图。

初步设计包括场地详情及分析、背景调查、开发计划分析。景观分析应依照其开发潜力和适宜性进行。在具体的设计层面，根据这些景观的相对重要性，在分析它们的特性时我们给予它们的关注程度也有所不同。初步设计还应该包括设计理念的系统化和提高。设计理念的产生、验证和评价是相互独立的过程，验证过程主要是根据景观特性可能性和限制性进行的。

方案设计是对既定设计理念的校验和对初步设计的改进。它始于初步设计中的那些功能图表，是由原始用地图发展演变而来的。当比例和尺度变得越来越清晰和准确，设计意图和意识也就变得越清楚。这时，设计方案通常变得更实际和确定，人们可以从中更好地理解所需要的各景观要素的尺度和大小。这时我们可以从描图纸上看见熟悉的建筑物和树丛这一类真实的图像。同时，绘制出相关的剖面图和立面图，以帮助我们理解垂直方向上各组成成分之间的相互关系。从本质上来说，这才是真正意义上的设计。

扩初设计是设计最终得到首肯后的设计阶段。这时，设计观念已经被接受，最初的设计也清晰地表现出其合理性。这时，对于设计中的一些细节问题，我们应该做进一步的调查和研究，以检验前期设计中所做的决定，确证方案选择的正确性。例如，如果在方案设计中采用了块材铺筑广场，那么现在就要求对砌筑图案和排水进行更彻底的研究。如果广场建筑在一块突出于水面的平台之上，那么大型乔木之间的间距和水体布置的特点都必须与支撑在平台之下的结构柱联系起来考虑。因此在对设计做决定时，详细的平面图和剖面图是至关重要的。通常，我们都使用计算机辅助制图和设计（Computer—Aided Drafting and Design 简称 CADD），这样不仅准确而且便于修改。色彩鲜艳和设计精美的图纸都变得不再重要，因为这时设计的目的不同了。

施工文件是设计师对整个设计过程最终的总结性图示。这些图纸从细节上精确地描述了设计成果，它包括所有的细部尺寸、材料和建造方法以及装饰方法。大比例尺平面图和剖面图常常用于业主和承包商之间的信息交流。工程的造价和成本就是依据这些文件来确定的。

施工文件还包括客户、建筑师、承包人之间的法律文件。在制定这些文件时，新颖奇特和色彩绚丽并不重要，准确和清晰才是最重要的标准。

为了应对不可预见的设计变更，施工文件必须具有高度的灵活性，而且必须使设计变更产生的费用最少。为了便于在作出较小的设计改动时不致重绘整张图纸，CADD就成了准备施工建设文件时的利器。它十分精确，能够轻松地绘制和修改。用CADD来准备施工文件成为了设计行业的常规，而客户们也希望如此。而且，存储在光盘中的大地测量资料和其他专项调查资料可以很方便地成为CADD的基础数据来源。所以我们从设计的一开始就采用CADD，这样在整个设计过程中，我们就可以在准确和稳固的基础上进行所有的分析和设计工作。

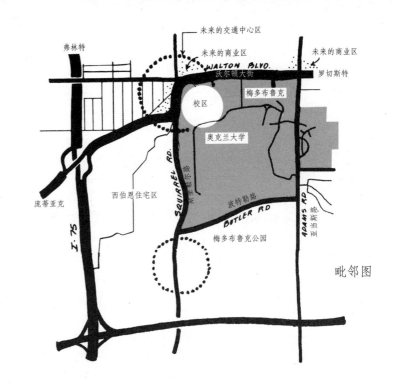

毗邻图

区域图

区域图就是用以表示整个地区基本情况的地图。

表示区域图的平面图形式很多，它们各自适用于不同的设计意图。下面用实例说明在一个典型的设计过程中，我们如何使用它们。

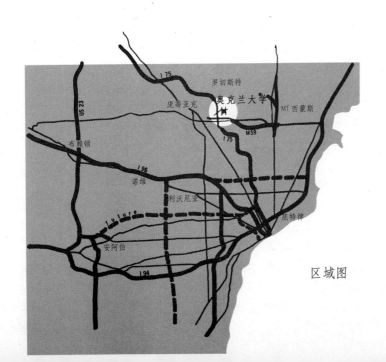

区域图

毗邻图

毗邻图是显示环绕研究区域的毗连土地的使用情况的图纸。它通常包括同一个分水区、同一个城区，或者同一个主干道系统环绕的范围。

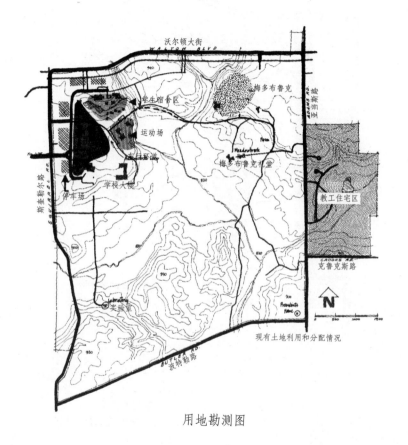

用地勘测图

用地信息图

　　用地信息图是包含用地背景信息的图纸。这些资料通常来自于国土勘测局(Soil Survey)或公共工程局(Public Works Department)这样的机构。在景观设计中常用的资料性图纸有土壤图、土地利用图和植被图。

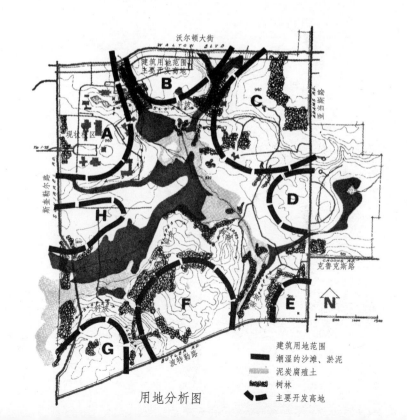

用地分析图

建筑用地范围
潮湿的沙滩、淤泥
泥炭腐殖土
树林
主要开发高地

平面布局概念图

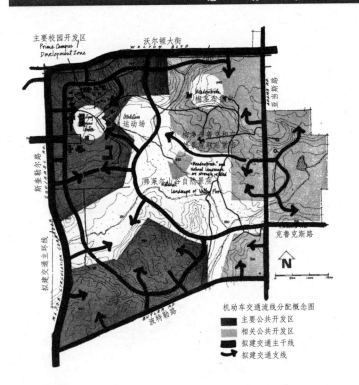

主要校园开发区
Prime Campus
Development Zone

沃尔顿大街
WALTON BLVD

亚当斯路

Meadowbrook
梅多布鲁克

Athletics
运动场

梅多布鲁克和
景观紧密关系
"Meadowbrook" and
natural landscape
are strongly related

斯奎勒尔路
SQUIRREL ROAD

佛莱尔山谷自然景观
Landscape of Valley Flor

拟建交通主环线
MAIN CIRCULATION COLLECTOR

克鲁克斯路

波特勒路
BUTLER RD

N

机动车交通流线分配概念图
主要公共开发区
相关公共开发区
拟建交通主干线
拟建交通支线

沃尔顿大街
WALTON BOULEVARD

Automobile Routes
车行路线

Parking Lots
停车场

Pedestrian
Walkways
人行路线

斯奎勒尔路
SQUIRREL ROAD

交通流线概念图

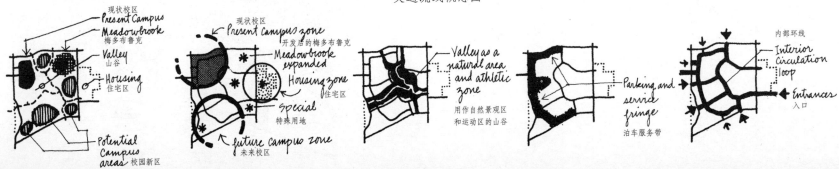

现状校区
Present Campus

梅多布鲁克
Meadowbrook

山谷
Valley

住宅区
Housing

校园新区
Potential
Campus
areas

现状校区
Present Campus zone

开发后的梅多布鲁克
Meadowbrook
expanded

住宅区
Housing zone

特殊用地
Special

未来校区
future campus zone

用作自然景观区
和运动区的山谷
Valley as a
natural area
and athletic
zone

泊车服务带
Parking and
service
fringe

内部环线
Interior
Circulation
loop

入口
Entrances

总平面和透视图

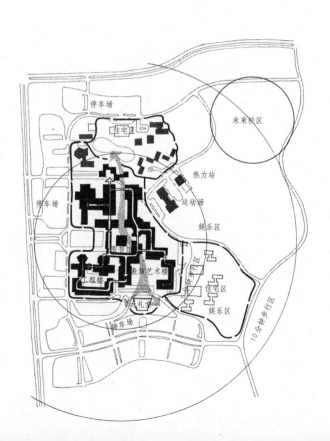

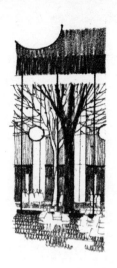

分析图

在典型的设计过程中，分析图是最重要的图纸类型之一。用地分析图包含了用地的详细资料，它依据不同的设计程序和设计意图，记录下现有用地情况并用图形表现出来。主要的用地现状资料包括土壤情况、植被情况、水面落差情况、水底岩床情况等相关的物理和自然信息。同时，政治和社会经济方面的资料也是非常重要的，它们包括不动产分界线、土地利用情况、运输系统、交通情况以及历史传统等这样一些内容。最简单的用地资料包括一幅描绘出所有不动产界线的测量图和一幅显示出用地轮廓和地理特征的基础地形图。

如果需要，每一个用地数据都可以根据开发计划的需要进一步细分。例如，坡地住宅选址时，除坡度大小以外，还要求更详尽的坡面情况分析。又如，为适应疏浚和挖掘的需要，必须绘制岩床分布及其深度的详细水下情况图。我们可以很轻松地从国土勘测局或公共工程局获取许多这一类的资料。另外，GIS、卫星照片以及航拍照片也是资料来源。当然，获取一小块用地信息最简单的方法就是实地勘测。

在进行用地分析时，我们根据设计标准对每一块用地数据进行比较、分析和权衡，进而决定它们在解决具体问题时的重要程度。这个排序过程能帮助设计者建立决策的层次，从而巧妙地、合理地完成设计，并且能对环境因素的变化能做出适时的调整。这种区分优先次序的过程可以建立一个决策等级，它能够使设计者明智地、合理地、敏感地对用地环境进行规划。这样可以快速地实现用地规划的合理性和开发计划的可行性，以避免设计中的缺陷。基本上，用地分析图能让设计者直观地把握各基本要素之间的关系，洞察土地现状为设计所提供的可能性和约束条件。

综合性的土地分析图是对整个分析过程的一个总结性图纸。它是设计者在充分理解设计要求的基础上，对设计的各种可能性和约束条件的总结，同时，它也是总的设计构思的雏形。这些构思甚至可能具体到住宅、池塘、车道等要素位置的选择。它也可以用来表示最佳土地功能分配或保护性用地划分等这样的一些发展部署。在设计过程的这个特殊阶段，设计的直觉和创造力逐渐凸显出来——它们开始从这些客观的基础数据中寻找设计的灵感。

分析图通常是以平面图的方式来表达的，因为平面图是传统的表达方式。依靠比例尺，图纸可以涵盖大范围的相关区域，包含大量的信息。剖面图虽然表示的范围和规模不如平面图那样大，但是却可以弥补平面图在垂直方向上表达的不足，特别是在处理斜坡、土壤利用和其他地质数据时尤为重要。由于分析图的主要任务是示意，因此这些图纸通常用彩色图例来强调信息。例如，在用地分配图中，线条的粗细可用于表示不同级别的使用频率。箭头和圆形、星形符号连成一体可用来表示重要的节点和它们之间的联系。不同颜色的阴影用来表示斜坡的倾斜程度。另外，大量的注释有助于说明某些资料并将抽象的设计具体化。

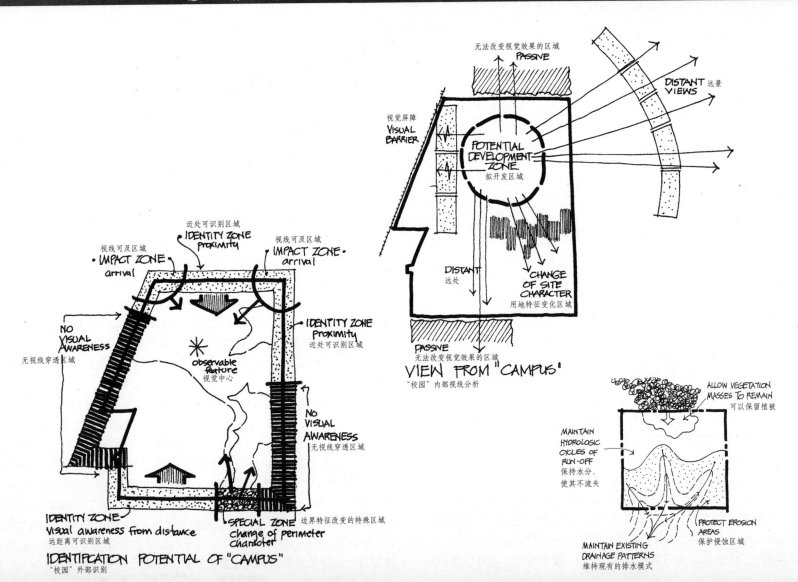

无法改变视觉效果的区域
PASSIVE

DISTANT 远景
VIEWS

视觉屏障
VISUAL
BARRIER

POTENTIAL
DEVELOPMENT
ZONE
拟开发区域

DISTANT
远处

CHANGE
OF SITE
CHARACTER
用地特征变化区域

PASSIVE
无法改变视觉效果的区域

VIEW FROM "CAMPUS"
"校园"内部视线分析

近处可识别区域
IDENTITY ZONE
proximity

视线可及区域
IMPACT ZONE
arrival

视线可及区域
IMPACT ZONE
arrival

NO
VISUAL
AWARENESS
无视线穿透区域

IDENTITY ZONE
Proximity
近处可识别区域

observable
feature
视觉中心

NO VISUAL
AWARENESS
无视线穿透区域

IDENTITY ZONE
Visual awareness from distance
远距离可识别区域

SPECIAL ZONE
change of perimeter
character
边界特征改变的特殊区域

IDENTIFICATION POTENTIAL OF "CAMPUS"
"校园"外部识别

ALLOW VEGETATION
MASSES TO REMAIN
可以保留植被

MAINTAIN
HYDROLOGIC
CYCLES OF
RUN-OFF
保持水分,
使其不流失

MAINTAIN EXISTING
DRAINAGE PATTERNS
维持现有的排水模式

PROTECT EROSION
AREAS
保护侵蚀区域

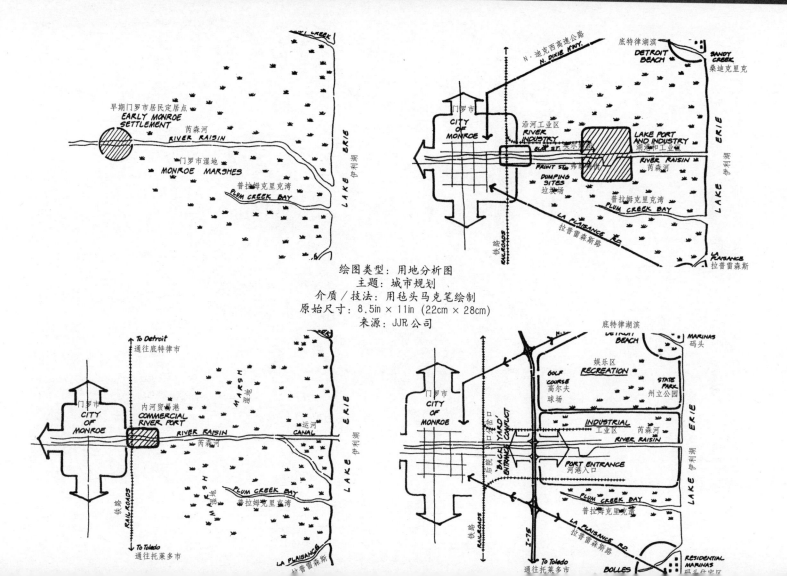

绘图类型：用地分析图
主题：城市规划
介质／技法：用毡头马克笔绘制
原始尺寸：8.5in × 11in (22cm × 28cm)
来源：JJR 公司

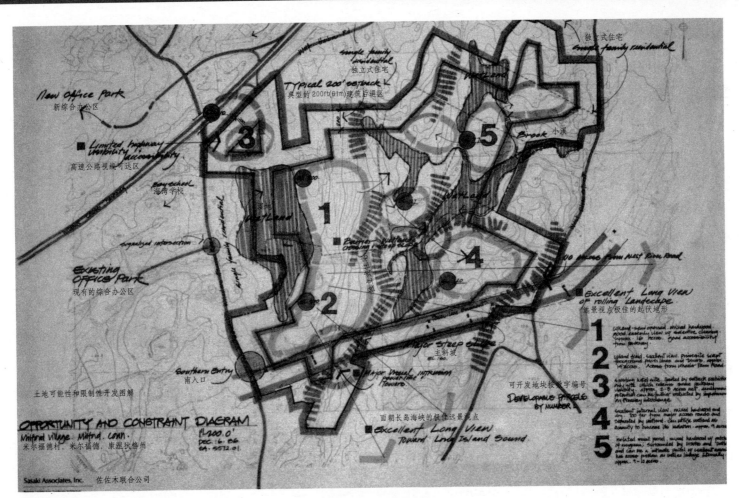

绘图类型：用地分析图
主题：综合办公区
介质／技法：用马克笔绘制在黑色网纹纸上
原始尺寸：36in x 24in（91cm × 61cm）
来源：佐佐木联合公司

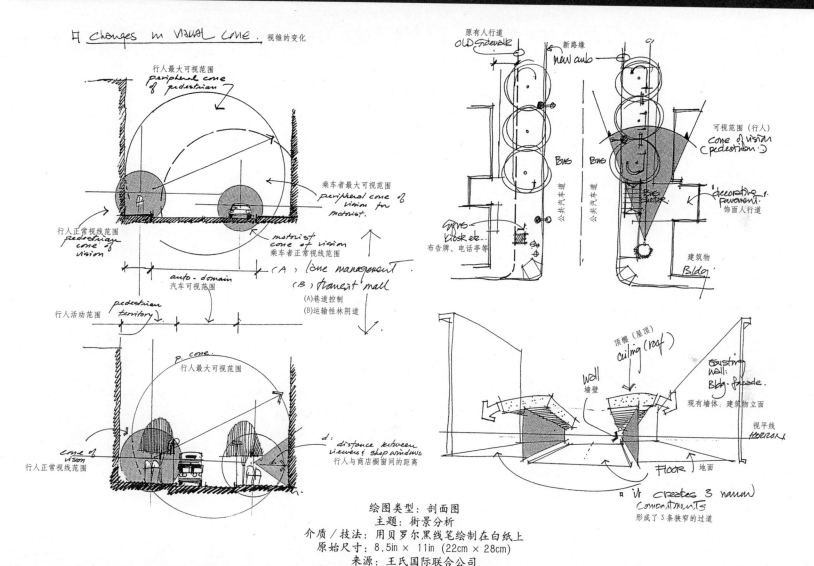

changes in visual cone. 视锥的变化

行人最大可视范围
peripheral cone of pedestrian

乘车者最大可视范围
peripheral cone of vision for motorist.

行人正常视线范围
pedestrian cone of vision

motorist cone of vision
乘车者正常视线范围

行人活动范围
pedestrian territory

auto. domain
汽车可视范围

(A) lane management.
(B) transit mall
(A)巷道控制
(B)运输性林阴道

p. cone.
行人最大可视范围

cone of vision
行人正常视线范围

d: distance between viewers & shop windows
行人与商店橱窗间的距离

OLD sidewalk
原有人行道

new curb
新路缘

BUS

公共汽车道

可视范围（行人）
cone of vision (pedestrian.)

decorative pavement.
饰面人行道

signs kiosk etc...
布告牌、电话亭等

建筑物
Bldg.

ceiling (roof)
顶棚（屋顶）

Wall
墙壁

existing wall: Bldg. facade.
现有墙体：建筑物立面

视平线
HORIZON

FLOOR
地面

It creates 3 narrow compartments
形成了3条狭窄的过道

绘图类型：剖面图
主题：街景分析
介质／技法：用贝罗尔黑线笔绘制在白纸上
原始尺寸：8.5in × 11in（22cm × 28cm）
来源：王氏国际联合公司

概念图

概念图是最初的设计图，它们可能是便笺簿上的简单草图或者餐纸上的随意简图或者在描图纸上的涂鸦。通常在开始的时候，它们连固定的比例和参考方向也没有，而只是一些线型和符号组成的简单、抽象的图形概念，慢慢地才演变成与设计进度要求相吻合的具体图像。因为设计构思的系统化和完善涉及设计思想的发展，所以概念图带有设计师自身的鲜明风格和个性。它们采用了个性化的表达形式与表达风格，因而显得独一无二、与众不同。

绘制概念图没有约定俗成的惯例。这些图纸的内容大体上相当于尚未系统化的口头语。为了组合这些图形语言，绘图要追循设计师个人的构思过程。设计思路跟踪图是最有效的展现"设计思想"的手段，也是最好的记录设计构思过程的方法。事实上，这种简洁流畅的线条以及形式灵活的绘图方式都蕴含了大量的信息。但是，必须清楚地认识到，将这些诱人餐纸上的随意简图变成为最终的设计成果，我们还有很多工作要做。构思过程和设计思想的演变与相互促进，有其内在的逻辑性。我们不应忽视这一点，或者只是把它当成存在于"黑盒子"之中所隐藏的难以理解的东西。事实上，设计过程的每一个步骤都是有迹可循、有据可依的。它们都各有其内在逻辑，而且必须使人们能够清楚地理解这种逻辑。总之，设计师从构思到最终形成设计成果的过程决非一蹴而就。任何企图跨越那些艰苦设计步骤的尝试都必将招致失败。

这些步骤的最终成果是一系列以同一种比例绘制的平面图和剖面图。这样，设计师就可以从视觉上感受它们之间的相互关系，理解并最终完善它们。这种在描图纸上或者在任何一种半透明材料上反反复复进行的绘图工作，可以使设计思想在图层之间渗透或者被过滤。这些叠合在一起的图纸可以成为设计审核的论坛和获得更好设计的起点。分析图在设计过程中最重要的两个目的就是"自我审核"和相互交流。

概念图通常以平面图的方式来表达，但它也可以用三维图来表达。随着这些概念图的完善，人们发现它们与总平面图关系密切，而这时两者不同的比例就成了一个问题。随着这些概念图（或者说是泡泡图）的发展将导致它们分化成多种多样的功能图，其中每一种功能图都传送着特定的信息。普通的功能图包括土地利用和空间分析图、车道和人行道的用地分析图、公共的和私人的开敞空间图等。功能图通常和分析平面图（或总平面图）采用同样的比例，所以它们既可以单独使用，也可以和总平面图叠合起来一起使用。此外，切记表达一定要简明、清晰，重要的是质量而不是数量。

泡泡图

这些概念图对于促进设计进程中设计思想的发展是非常重要的。它们是设计师构思过程和设计思想的图形速记,因而具有高度的概括性和象征性,其他人需要借助文字说明才能理解它们。

泡泡图

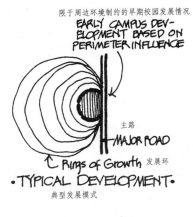

限于周边环境制约的早期校园发展情况
EARLY CAMPUS DEVELOPMENT BASED ON PERIMETER INFLUENCE

主路
MAJOR ROAD

Rings of Growth 发展环
·TYPICAL DEVELOPMENT·
典型发展模式

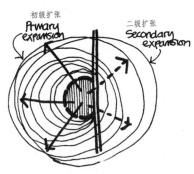

初级扩张
Primary expansion

二级扩张
Secondary expansion

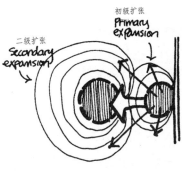

二级扩张
Secondary expansion

初级扩张
Primary expansion

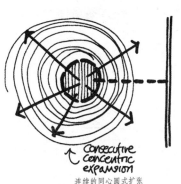

Consecutive concentric expansion
连续的同心圆式扩张

泡泡图的演变

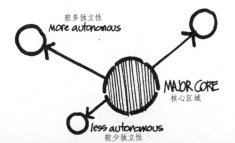

较多独立性
More autonomous

MAJOR CORE
核心区域

less autonomous
较少独立性

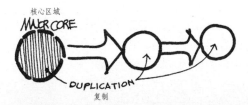

核心区域
MAJOR CORE

DUPLICATION
复制

MAJOR CORE
核心区域

概念图解

概念图解直接由泡泡图发展而来。它们具有高度
的概括性和象征性。

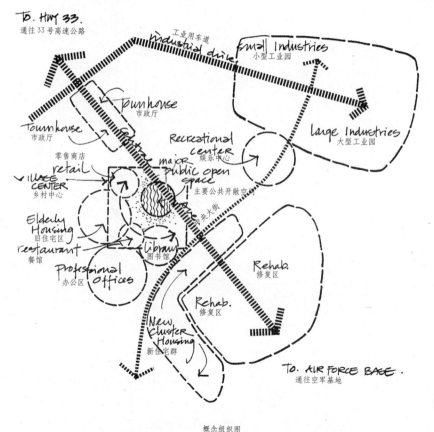

CONTINUOUS STRUCTURE
EXPANDS AS PROGRAMS
OR ENROLLMENT
DEMAND.

当有规划要求或加入请求时就会产生持续的建筑扩张

PENETRATIONS PROVIDE
BUILDING SERVICE AND ACCESS

互相贯穿的建筑体为建筑提供了服务和交通

概念组织图
CONCEPT ORGANIZATION DIAGRAM

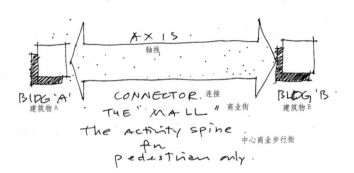

" ORIGINAL CONCEPT "
最初的概念

AXIS
轴线

CONNECTOR. 连接
THE "MALL" 商业街
the activity spine
An
pedestrian only.

BLDG 'A'
建筑物A

BLDG 'B'
建筑物B

中心商业步行街

" MODIFIED CONCEPT II "
修改后的概念 II

PUBLIC
SQUARE OR PLAZA
公共广场

BLDG 'A'
建筑物A

BLDG 'B'
建筑物B

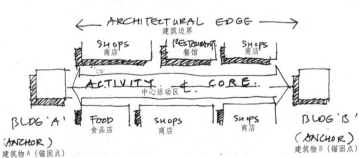

" MODIFIED CONCEPT "
修改后的概念

← ARCHITECTURAL EDGE →
建筑边界

SHOPS
商店

RESTAURANT
餐馆

SHOPS
商店

ACTIVITY & CORE.
中心活动区

BLDG 'A'
(ANCHOR)
建筑物A（锚固点）

FOOD
食品店

SHOPS
商店

SHOPS
商店

BLDG 'B'
(ANCHOR)
建筑物B（锚固点）

(VILLAGE SQUARE CONCEPT)
(社区广场的概念)

CONCEPT-1
概念-1

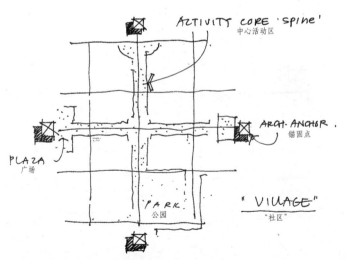

ACTIVITY CORE 'spine'
中心活动区

ARCH. ANCHOR.
锚固点

PLAZA
广场

PARK
公园

" VILLAGE "
"社区"

(VILLAGE SQUARE CONCEPT)
(社区广场的概念)

CONCEPT - 2
概念-2

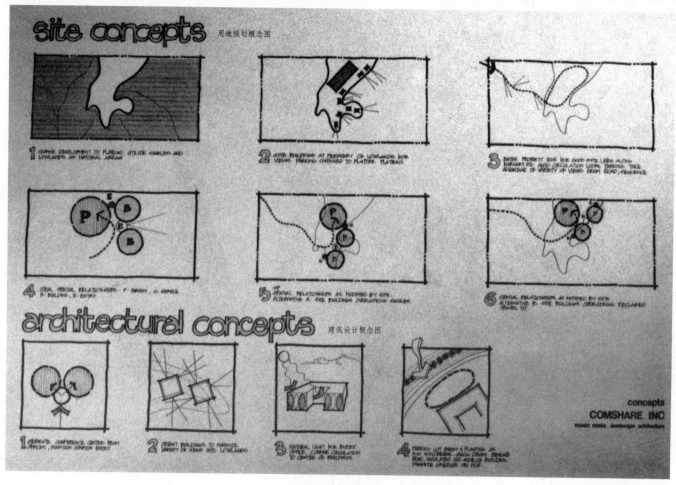

绘图类型：概念图
主题：景观设计
介质／技法：用彭特尔记号笔绘制在白纸上
原始尺寸：42in × 30in (107cm × 76cm)
来源：密歇根大学学生作品

地形概念图

在地形概念图中，经过改进后的设计构思绘制在底图之上，所以它能够针对特定的场地进行设计。

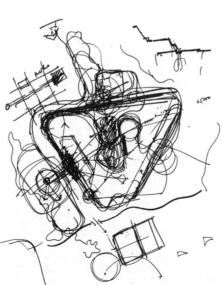

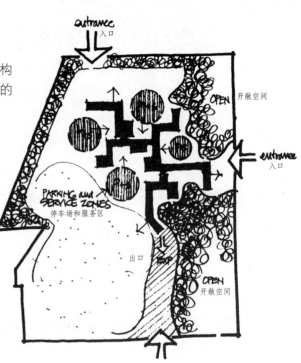

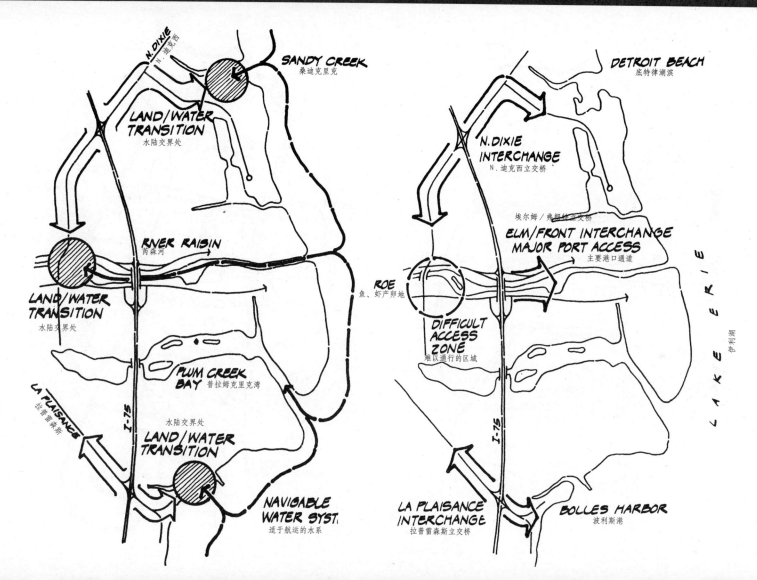

SANDY CREEK
桑迪克里克

N. DIXIE
N.迪克西

LAND/WATER
TRANSITION
水陆交界处

RIVER RAISIN
雷森河

LAND/WATER
TRANSITION
水陆交界处

PLUM CREEK
BAY 普拉姆克里克湾

LA PLAISANCE
拉普雷森斯

I-75

水陆交界处

LAND/WATER
TRANSITION

NAVIGABLE
WATER SYST.
适于航运的水系

DETROIT BEACH
底特律湖滨

N. DIXIE
INTERCHANGE
N.迪克西立交桥

埃尔姆/弗朗特立交桥
ELM/FRONT INTERCHANGE
MAJOR PORT ACCESS
主要港口通道

ROE
鱼、虾产卵地

DIFFICULT
ACCESS
ZONE
难以通行的区域

LAKE ERIE
伊利湖

I-75

LA PLAISANCE
INTERCHANGE
拉普雷森斯立交桥

BOLLES HARBOR
波利斯港

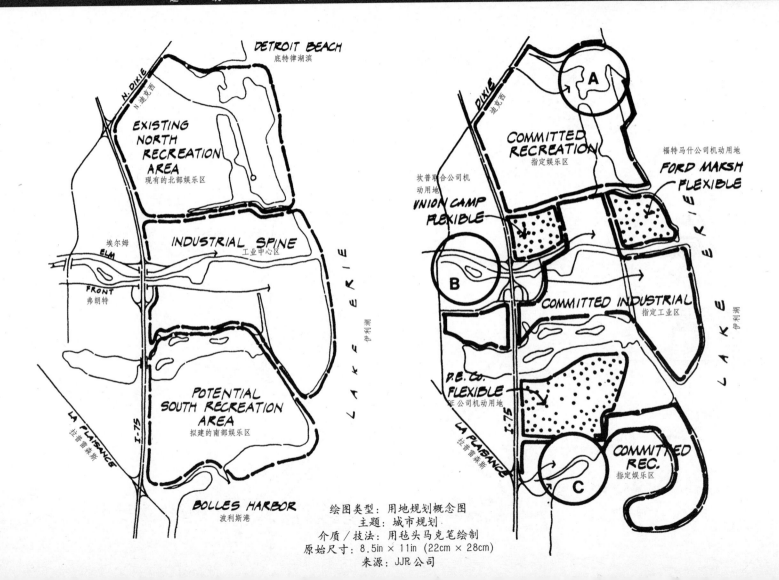

绘图类型：用地规划概念图
主题：城市规划
介质／技法：用毡头马克笔绘制
原始尺寸：8.5in × 11in（22cm × 28cm）
来源：JJR 公司

6 设计图

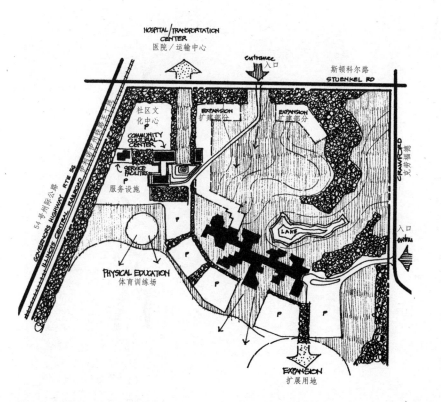

设计图是记录扩初阶段的图纸。它们包括平面图、剖面图、透视图和模型图。这一阶段的长短是没有限制的，只是要遵从客户或教师等个体确定的最后期限。同样，设计过程中采用何种绘图形式也没有限制。当扩初阶段结束时，设计者并不会创作出全套的平面图和剖面图。只要时间允许，设计者就可以从平面图和剖面图入手，不断地进行提炼和再创造。

正如本书前面所述，设计者绘图的最重要的目的是内省。设计者必须能够用绘图的方式来使他的设计形象化。图画能够引起视觉和精神的反应，从而激发设计师对设计的完善。设计的完善就是对已完成图纸的不断审核和重新绘制，这个内省的过程是不断循环的。当然，与同事进行的讨论或向委托人进行的介绍也是扩初阶段的组成部分之一。随着时间的推移，设计变得更加成熟和精确，设计要点也就变得更加具体。因此，平面图和剖面图的内容变得更加丰富而且清晰易懂。

最终用地规划平面图

最终用地规划平面图也被称为总平面图。它所显示的是最终设计方案，包括建筑组群、道路规划、种植设计以及所有设计元素的位置。根据设计方案性质的不同，总平面图的形式也变化多端，从详细精确的文件到概括性的示意图都各不相同。

初步设计图

下列四图举例说明了设计方案是如何诞生的。它在不同设计图层的描图纸上发展演化。设计思想被记录在描图纸上，设计构思和设计目的也经过测试和比较。一个设计方案最终完善、确定，必须能够最大程度地满足要求。

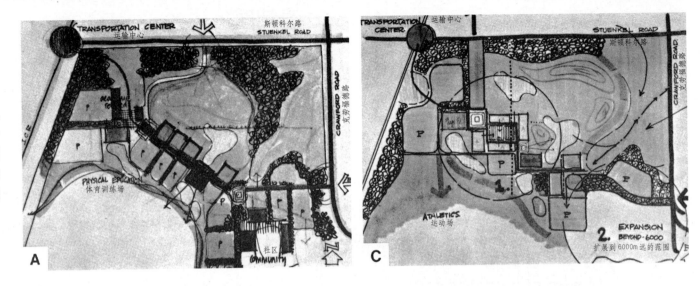

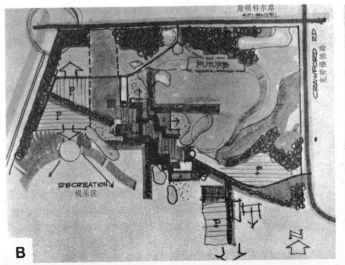

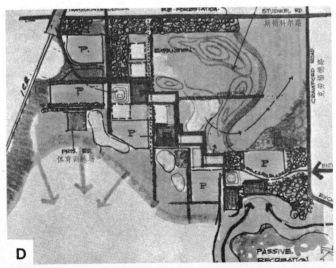

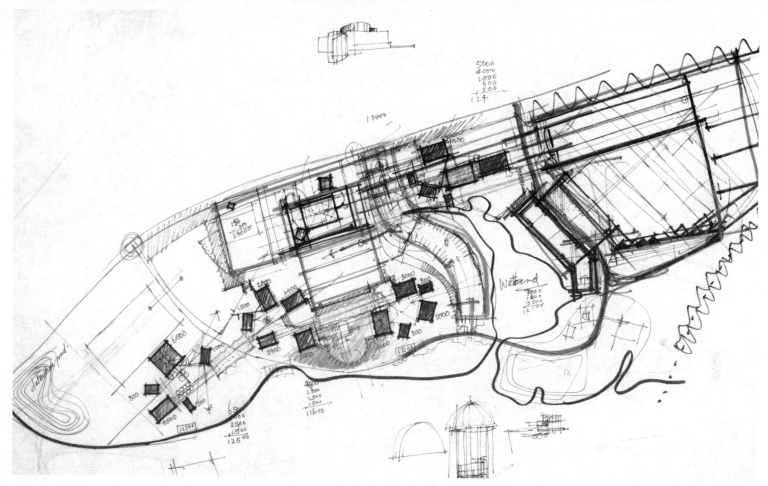

绘图类型：初步设计草图
主题：购物中心
介质／技法：用毡头马克笔、贝罗尔黑线笔和彩色铝笔绘制
原始尺寸：24in × 36in（61cm × 91cm）
来源：王氏国际联合公司

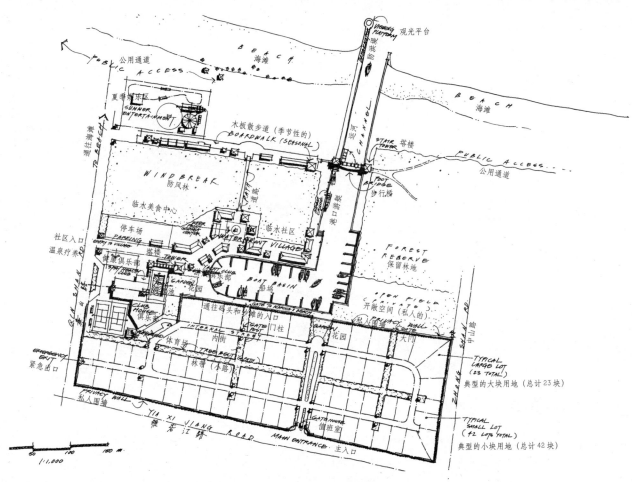

绘图类型：平面示意图
主题：住宅区
介质／技法：用彭特尔记号笔绘制在白色描图纸上
原始尺寸：30in × 30in （76cm × 76cm）
来源：王氏国际联合公司

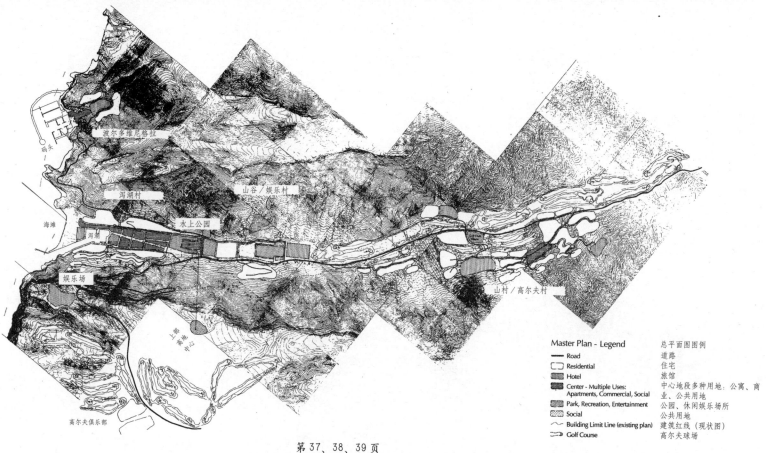

波尔多维尼格拉

海湖村

山谷／娱乐村

水上公园

海滩

海潮

娱乐场

上海浦公墓

高尔夫俱乐部

山村／高尔夫村

Master Plan - Legend 　　总平面图图例
— Road 　　道路
Residential 　　住宅
Hotel 　　旅馆
Center - Multiple Uses: 　　中心地段多种用地：公寓、商
Apartments, Commercial, Social! 　　业、公共用地
Park, Recreation, Entertainment 　　公园、休闲娱乐场所
Social 　　公共用地
Building Limit Line (existing plan) 　　建筑红线（现状图）
Golf Course 　　高尔夫球场

第 37、38、39 页
绘图类型：平面图、剖面图、立面图
主题：旅游胜地规划
介质／技法：用贝罗尔黑线笔绘制在白色描图纸上
原始尺寸：平面图：30in × 56in（76cm × 142cm）
剖面图：30in × 48in（76cm × 122cm）
立面图：30in × 48in（76cm × 122cm）
来源：佐佐木联合公司

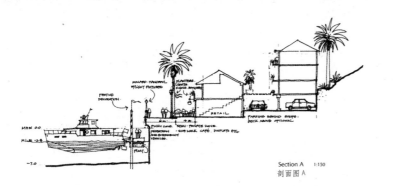

Section A 1:150
剖面图 A

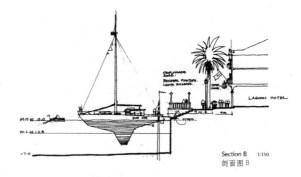

Section B 1:150
剖面图 B

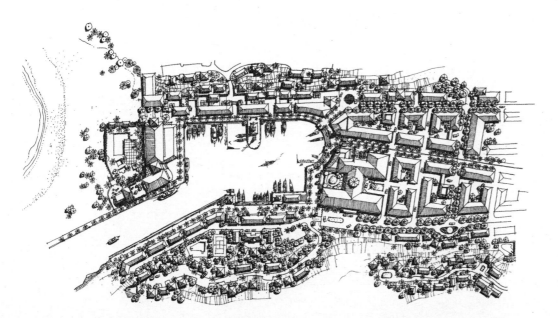

Lagoon Area Plan 1:1000
泻湖区平面图

Roadway Type B 1:150
路面类型 B

Roadway Type C 1:150
路面类型 C

Roadway Type A2 1:150
路面类型 A2

Roadway Type A1 1:150
路面类型 A1

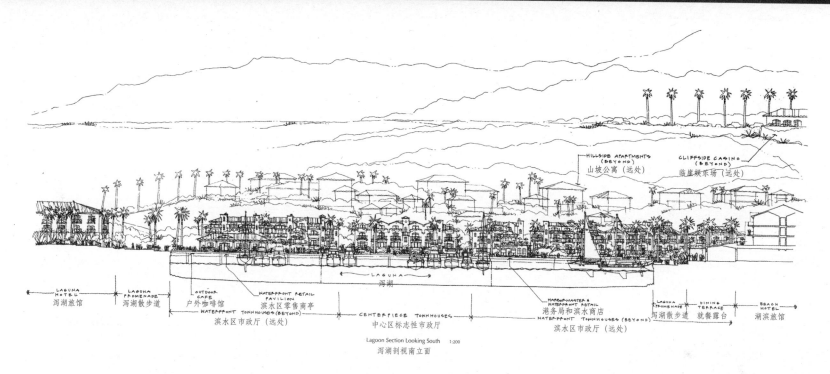

HILLSIDE APARTMENTS
(BEYOND)
山坡公寓（远处）

CLIFFSIDE CASINO
(BEYOND)
临崖娱乐场（远处）

LAGUNA
泻湖

LAGUNA
HOTEL
泻湖旅馆

LAGUNA
PROMENADE
泻湖散步道

OUTDOOR
CAFE
户外咖啡馆

WATERFRONT RETAIL
PAVILION
滨水区零售商亭

WATERFRONT TOWNHOUSES (BEYOND)
滨水区市政厅（远处）

CENTERPIECE TOWNHOUSES
中心区标志性市政厅

HARBORMASTER &
WATERFRONT RETAIL
港务局和滨水商店

WATERFRONT TOWNHOUSES (BEYOND)
滨水区市政厅（远处）

LAGUNA
PROMENADE
泻湖散步道

DINING
TERRACE
就餐露台

BEACH
HOTEL
湖滨旅馆

Lagoon Section Looking South   1:200
泻湖剖视南立面

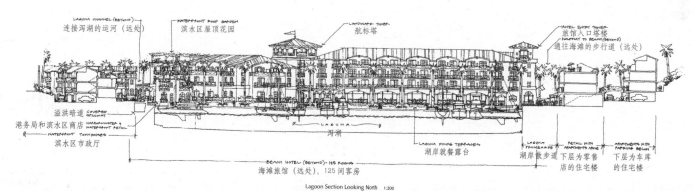

LAGUNA CHANNEL (BEYOND)
连接泻湖的运河（远处）

WATERFRONT ROOF GARDEN
滨水区屋顶花园

LANDMARK TOWER
航标塔

HOTEL ENTRY TOWER
旅馆入口塔楼

WALKWAY TO BEACH (BEYOND)
通往海滩的步行道（远处）

溢洪暗道   COVERED
WALKWAY

港务局和滨水区商店
HARBORMASTER &
WATERFRONT RETAIL

WATERFRONT TOWNHOUSES
滨水区市政厅

LAGUNA
泻湖

LAGUNA DINING TERRACES
湖岸就餐露台

LAGUNA
PROMENADE
湖岸散步道

RETAIL WITH
APARTMENTS ABOVE
下层为零售
店的住宅楼

APARTMENTS WITH
PARKING BELOW
下层为车库
的住宅楼

BEACH HOTEL (BEYOND) - 125 ROOMS
海滩旅馆（远处），125 间客房

Lagoon Section Looking North   1:200
泻湖剖视北立面

线条

线型

所有的平面图和剖面图的基本图形符号都是线条。线条划定了空间的边界，表现了物体体积，创造了纹理，连成了文字和数字的形状。为了达到易于辨认的目的，在平面图和剖面图中画线应用统一的宽度和浓淡，而且要画得清晰和厚重。右边是四种基本的线型：虚线、短虚线、长虚线、实线。每一类型都有其特定的功能和含意。

虚线或短虚线表示物体中看不见的轮廓线，实线表示可见的轮廓线。短虚线通常表示在观察者前面或下面的不可见物体。在平面图中，这些虚线通常用于表示地下的物体。在剖面图和立面图中，它们通常用于表示任何一种不透明平面后的物体的位置。

长虚线通常表示处于观察者后面或上面的，隐藏的或不可见的物体。它们也用于表示建筑物内将要被修改的某些项目。例如，在楼层平面图中的屋面垂线通常就是用长虚线来表示的。现有的建筑轮廓线也用长虚线表示，而那些完成后和改造后的建筑轮廓则用实线来绘制。

线条

虚线

短虚线

长虚线

实线

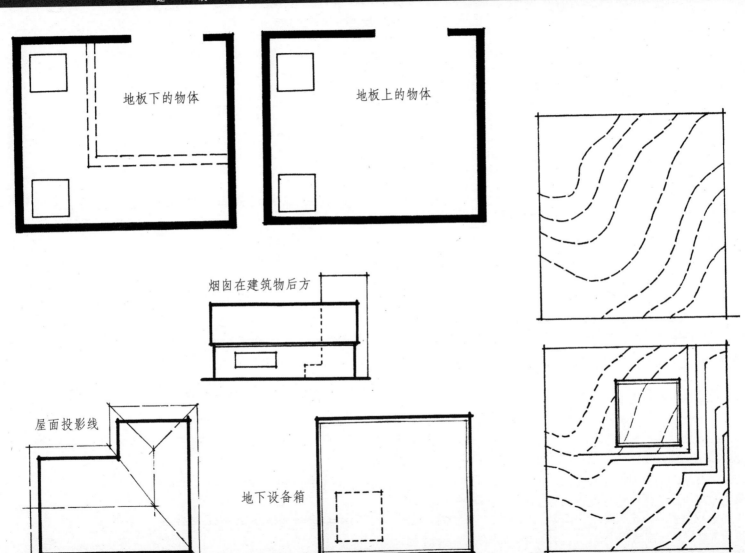

地板下的物体

地板上的物体

烟囱在建筑物后方

屋面投影线

地下设备箱

——————— SAS ——————— 污水管

——————— STS ——————— 雨水管

——————— COS ——————— 混合管

— — — — DRT — — — — 沟盖板

— · — · CLL — · — · 地契限制界线

— · · — PRL — · · — 私有财产界线

——————— G ——————— 煤气总管

——————— O ——————— 燃油总管

——————— T ——————— 电话线

——————— W ——————— 供水总管

——————— P ——————— 电力线

——————— CL ——————— 道路中心线（通常用虚线表示）

—×—×—×—×—×— 围墙

新建建筑

予以保留的现有建筑

需拆迁的现有建筑

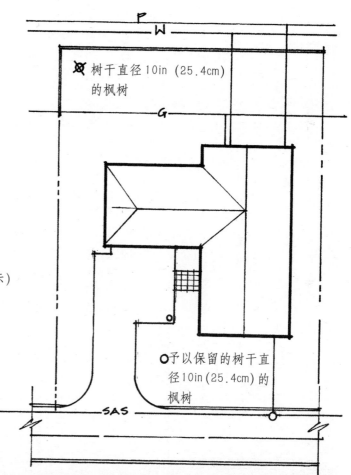

✖ 树干直径10in（25.4cm）的枫树

○ 予以保留的树干直径10in（25.4cm）的枫树

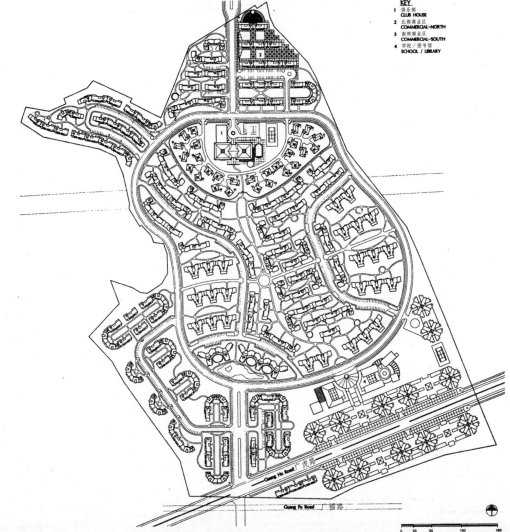

绘图类型: 总平面图
主题: 住宅区
介质／技法: 计算机绘制平面图
原始尺寸: 未定
来源: 斯塔宾斯联合公司 (The stubbins Associates Inc.)

特粗线

粗线

中粗线

细线

线宽

四种基本线宽分别是：特粗、粗、中粗和细。它们的划分是随意的，对于每一种线型的宽度没有标准的统一尺度。线宽主要是与图纸的内容和整幅图面的尺寸有关。细线在小幅图纸中可能是十分合适的，但是在大型的和复杂的图纸中用细线就几乎不可见了。原则上粗线常用于表示靠近观察者的物体，而细线则常用于表示远离观察者的物体。像建筑物的轮廓线或树木的外边界线这类非常分明的空间边界就应该用粗线来表示，因为其他部位没有这么强烈的垂直转折，如铺设图案就属于其他部位之列。

双线用于表示像建筑物的檐口、墙体或路沿这样一些需要强调的主要空间界线。总之，不同宽度的双线比宽度相近的其他线条更易识别而不容易造成混乱。

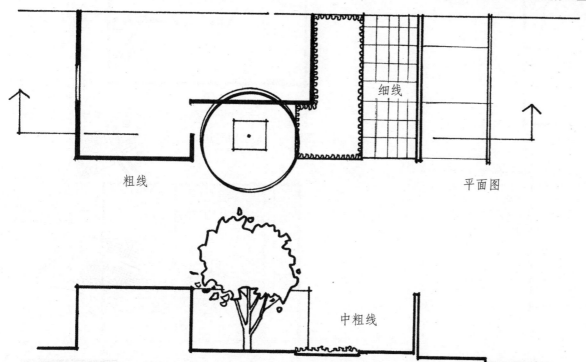

细线

粗线

平面图

中粗线

剖面图

在绘图时,应该用粗线画建筑详图中的轮廓线。用细线或特细线画材料的质感和纹理。尺寸标注线则用细线,并且在尺寸线的交叉点处用厚重的短粗线来表示。

在剖面图和立面图中,地面轮廓线要用相对粗一些的线条来画。树木边缘线用中粗线来画。远处的物体轮廓用细线来画。

建筑详图

4" HOLE
4in (10cm) 孔洞

剖面图
立面图

在平面图中,建筑轮廓或墙体要用粗线来画,而像长凳和植物这样的设计元素就要用中粗线来画。树林边缘用粗线画,图案和纹理用细线画。

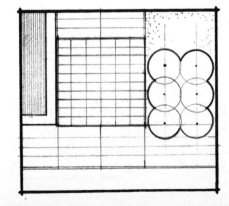

平面图

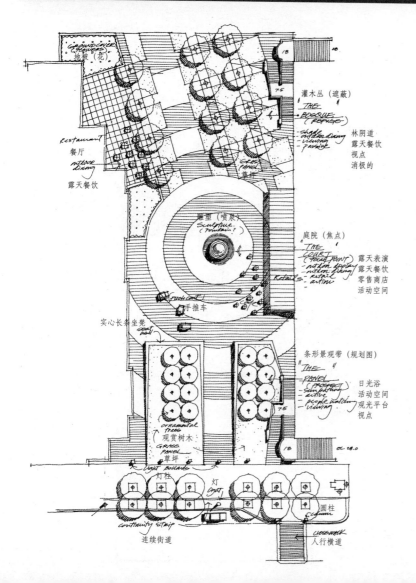

灌木丛（遮蔽）

林阴道
露天餐饮
视点
消极的

餐厅

露天餐饮

庭院（焦点）

露天表演
露天餐饮
零售商店
活动空间

手推车

实心长条坐凳

条形景观带（规划图）

日光浴
活动空间
观光平台
视点

观赏树木

草坪

灯柱

灯柱

圆柱

连续街道

人行横道

线条性质

　　线条性质极大地倚赖于绘图的方法，设计者的责任是清晰明确地表达设计信息。在建筑和工程图中，设计者使用标准的符号和线型，景观设计图则往往限制较少，但是设计者同样不得不沿用这些符号，特别是当设计涉及公共设施重新布置和土方挖填的时候。事实上，在扩初阶段和施工文件形成阶段，平面图和剖面图的绘制都必须遵守这些规范，不能背离它们。因为这些图纸常常用于成本预算，我们必须要用标注准确的图纸来正确表达设计意图。所以CADD绘图是必不可少的，在编制施工文件时更是如此。

　　在方案设计和概念设计阶段，线条可以绘制得更流畅和富于表现力。这些图所关注的焦点在于设计的信息，因而受标准和形式的限制较少。围绕设计主题，概念性和方案性的平面图和剖面图似乎更注重传递设计信息的艺术性。这些图纸中的线条性质是富于诗意和生机勃勃的，这与扩初阶段和施工文件图纸中的凝滞和缺乏生气是截然不同的。线条性质的对比是相对的，不是绝对的。设计步骤的发展变化控制着线条的这种差异，有时主题内容的不同也会产生这种差异。表现方式也可以左右我们对线条的选择。当然，设计者最终会根据自己的技能和感觉作出自己的选择。我们称之为建筑师的最佳专业判断。

绘图类型：平面示意图
主题：城市公园
介质／技法：用针管笔绘制在白色描图纸上
原始尺寸：18in × 24in（46cm × 61cm）
来源：王氏国际联合公司

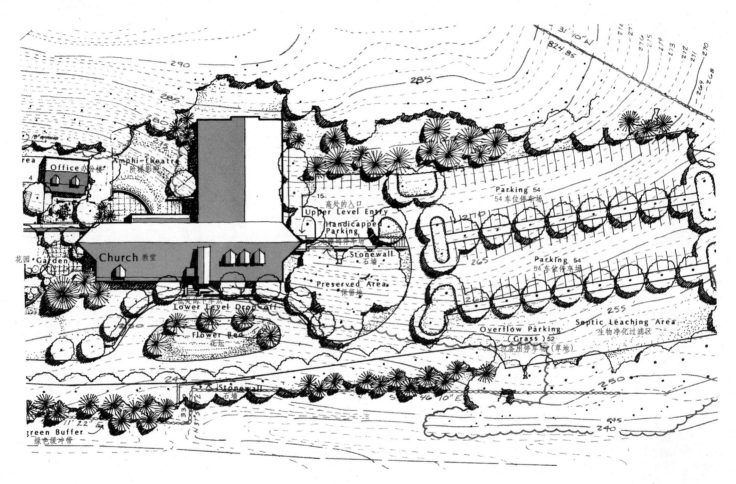

绘图类型：总平面图
主题：公共规划
介质／技法：用钢笔绘制在相片纸上（基本地形已覆盖）
原始尺寸：30in × 42in（76cm × 107cm）
来源：王氏国际联合公司

平面图

建筑物

　　平面图是从建筑物的顶部向下看的视图。它强调的是建筑物的水平尺寸和该建筑物与其周围环境的关系。建筑物的轮廓线应是清晰明确的，而且绘制精确。描述屋顶坡度和屋顶各种细部的线条可以使一个平整单调的屋顶看起来更具雕刻感。阴影的绘制则使建筑物具有三维的效果，同时还可以表现出建筑物的高度，体现出不同的季节和在一天之中的不同时段，甚至可以表现出周围地表的基本情况。

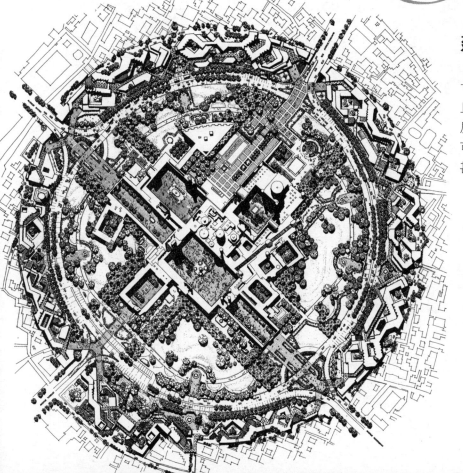

MERCY ST.
默西街

BUS STOP
公交车站

CITY HALL ADDITION
市政厅附属建筑

CITY HALL
市政厅

RESTAURANT
餐厅

SUNKEN PLAZA
沉式

THEATER

FIRE STATION
消防局

BELL TOWER
BEVERAGE
FOREST TRAIL

BAILEY AVE. 贝雷大街

POLICE STATION
警察局

CARS
20 辆停车

LIBRARY
图书馆

PIONEER PARK
开拓者公园

CASTRO STREET
卡斯特罗街

LIBRARY ADDITION
图书馆附属建筑

GARAGE
室内停车
车场

CHURCH STREET 彻奇街

MOUNTAIN VIEW CIVIC CENTER
MOUNTAIN VIEW, CALIFORNIA
芒廷维尤的城市中心,芒廷维尤市,加利福尼亚州

北

NORTH
SCALE: 1"= 40'-0" 比例尺 1：480

细线用来绘制不突出的空间界线, 它们应该与表现其他设计元素的线型区别开来。

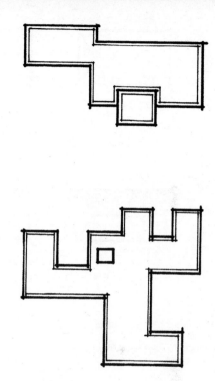

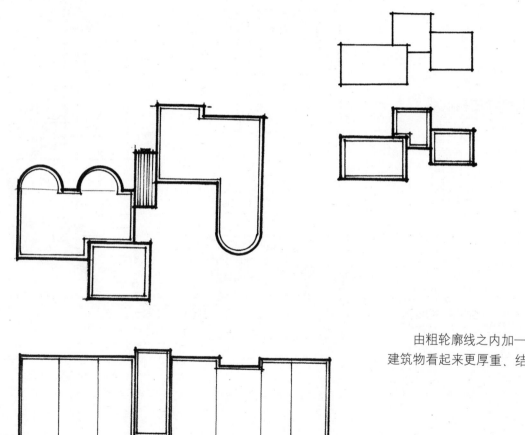

由粗轮廓线之内加一条细线所组成的双线用于突出边缘线, 它可以使建筑物看起来更厚重、结实。

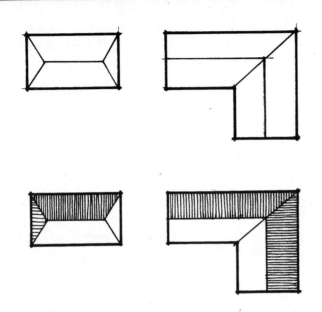

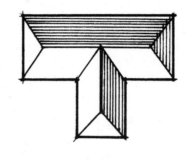

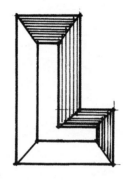

坡屋顶建筑应该用纹理来加强其三维效果。如果没有纹理,就会使屋顶看起来显得过于平整、单调。

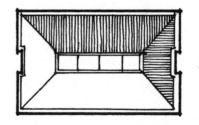

天窗

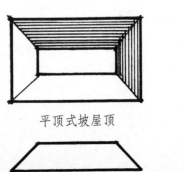

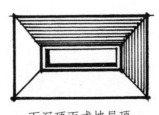

平顶式坡屋顶　　　　下沉顶面式坡屋顶

用纹理表现屋顶,就使其具有深度感,这样能使看图的人对屋顶形状有一个更清楚的理解。

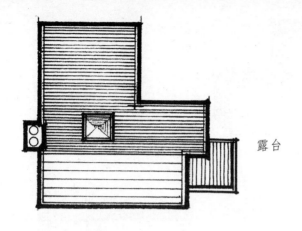

露台

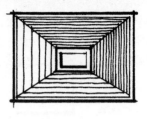

封闭式庭院

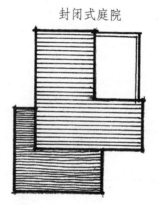

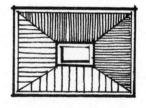

房屋背阴面的纹理应该比向阳面的纹理更深一些。这些纹理也用于表现屋顶材料及其放置的方向。

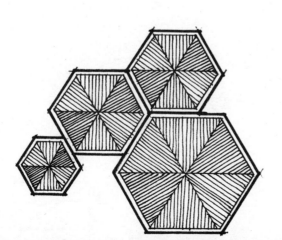

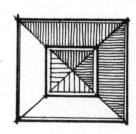

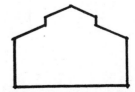

二维

开始表现深度

夏日午后

冬日午后

B 建筑高于 A 建筑

建筑 A 与建筑 B 等高

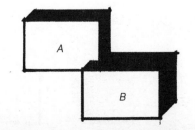

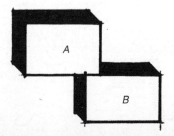

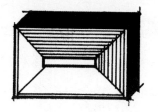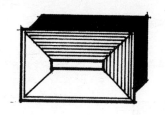

凹进去的阴影表现了屋顶悬挑的范围

平面图中的阴影只是一个象征性的符号，所以没有必要依据太阳的位置和高度角进行精确的测量。现实中物体的阴影往往过长，以至于遮盖了地面上许多引人关注的设计细节。

但是，物体的投影角度应该相同，同样高度的建筑物的投影长度也应该相同。

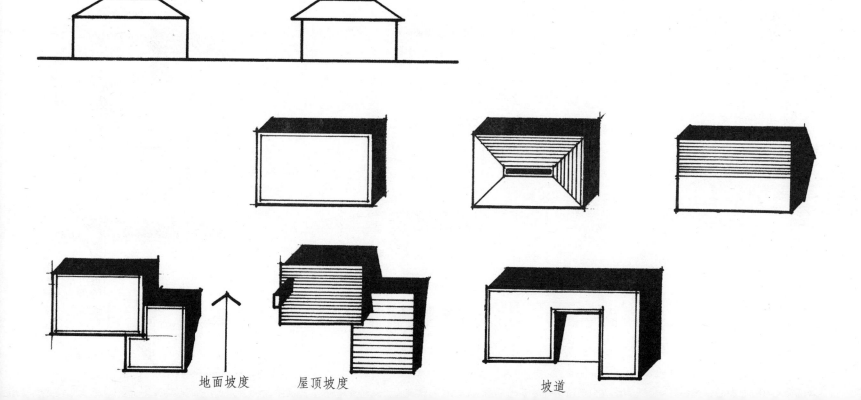

地面坡度　　　　屋顶坡度　　　　　　坡道

北半球更具真实性的阴影形状。

一些艺术家认为当阴影向下时更易理解。

以一个简单的阴影为例，这个设计使用了最强烈的黑白对比。

这种类型的阴影具有很好的半透明质感，就是太费时间了。

这种阴影具有良好的质感，但是它容易和地面上的其他线条混淆，特别是人行道。

这种阴影的绘制节省时间、易于操作，但不适用于手绘平面图。

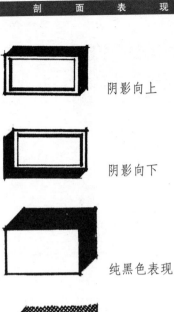

阴影向上

阴影向下

纯黑色表现

阴影的十字交叉形表现

阴影的线形表现

整块填充

不好的画法

较好的画法

好的画法

绘图类型：总平面图
主题：住宅区
介质／技法：用彩色马克笔绘制在黑线网纹纸上
原始尺寸：36in × 24in（91cm × 61cm）
来源：密歇根大学学生作品

植物

在景观建筑平面图的绘制中，植物是最重要的表现符号。像建筑一样，植物也可以创造空间、定义空间边界、提供树阴和增加环境色彩。适当地绘制植物能加强平面图的表现力。

植物可以分成三类：树木、灌木和地被。树木和灌木通常用圆形轮廓线来绘制以象征伸展的树冠。与表现建筑物的方方正正线条相比，这种简单几何图形的表示方法显得更有生机和活力。这些圆应该先用细铅笔配合圆形模板绘制出轮廓线的基线，以确保它们的协调统一。然后用粗线沿底图徒手绘制轮廓线。通常用双线来描绘树林的边界。

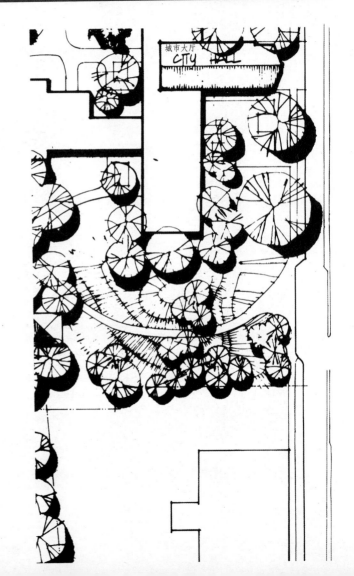

树木

在自然界中，成年树木的树冠是伸展的、相互交叠在一起的。在平面图中，表示树木的图例如果彼此轻微交叠，就会显得比较美观。当然，树木间距是由设计决定的，但是其他的间距最好还是经过必要的观测后进行排列。互相叠加的图例应该小心地加以规划，避免干扰和阻碍处于它们之下的其他图例的表达。

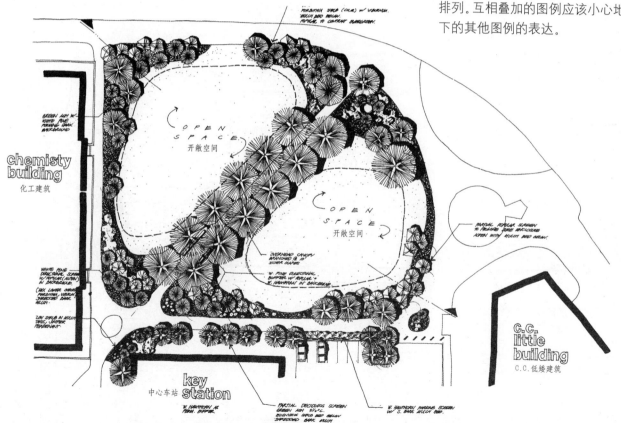

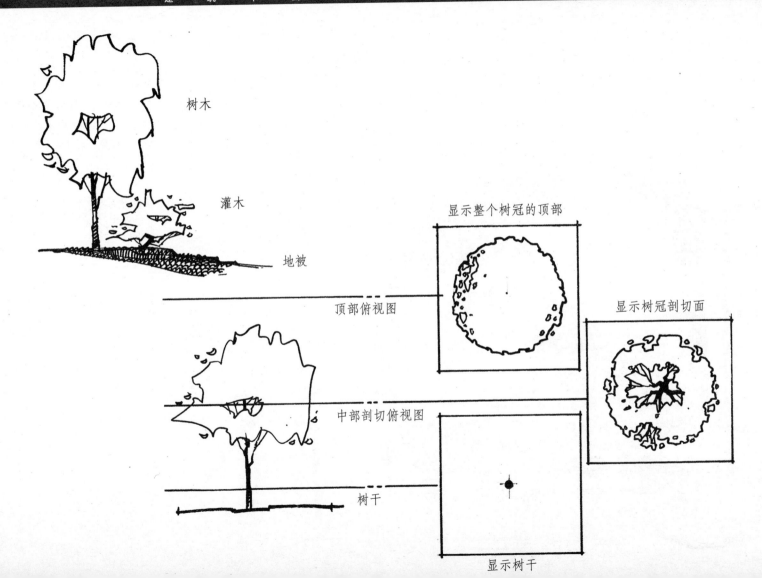

树木

灌木

地被

显示整个树冠的顶部

顶部俯视图

显示树冠剖切面

中部剖切俯视图

树干

显示树干

画树的方法有三种：枝条法、轮廓法和纹理法。轮廓法所表示的是一个不透明的实体表面。这种图例之下的植物和其他设计元素通常都不予以表示。枝条法和纹理法更接近于现实，它们产生的轮廓效果可以使观察者透过树冠看见它下面的情况，但是这样做会破坏图例的简单性与清晰性。

实际形状

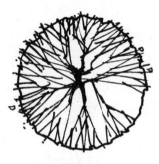

枝条法

轮廓法

纹理法

落叶树

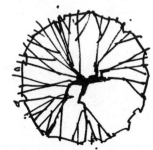

常绿树

树木图例的范例

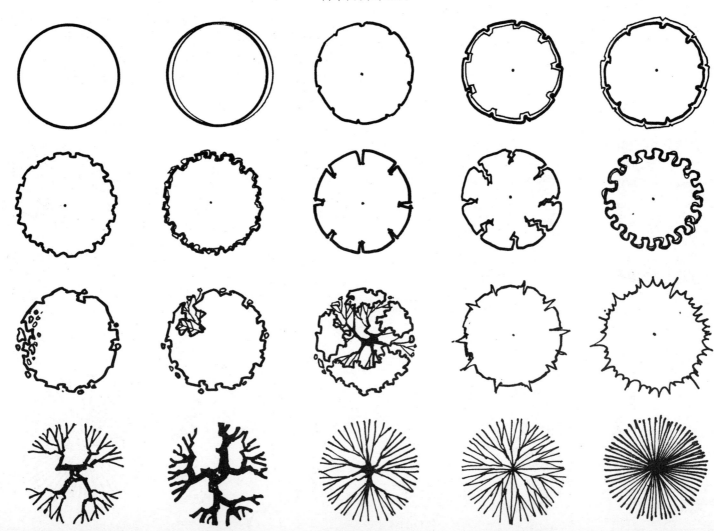

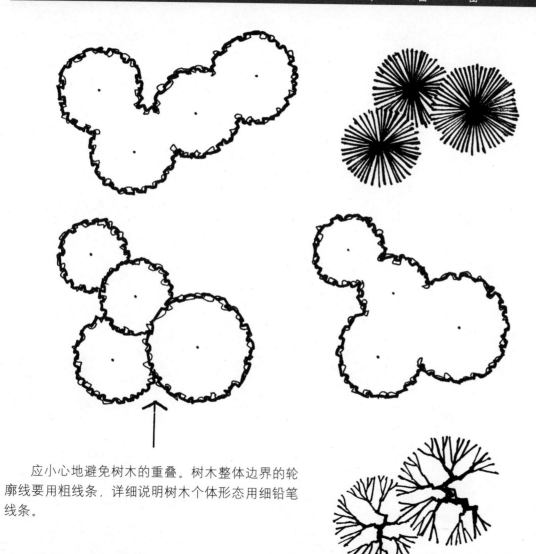

植物的主要作用是分隔空间。通常通过群植树木来创造更明确的边界。

应小心地避免树木的重叠。树木整体边界的轮廓线要用粗线条，详细说明树木个体形态用细铅笔线条。

要避免枝条和纹理图例的重叠，大树总是在小树的上方，并且当枝条和纹理图例叠合时要合理分配空间，避免图案过于复杂。

在平面视图中如何绘制树木

使用画圆模板绘制一个圆。

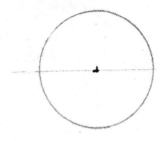

使用画圆模板用铅笔细线画树木轮廓线。

用软铅笔描画主要枝条轮廓。

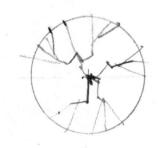

选择合适的图例形式，用粗线描外围轮廓。

把枝条图案填充完整，不要描画圆边。

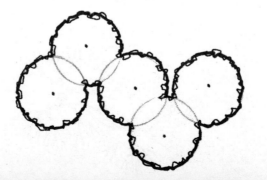

对于特定的图例，使用双线常常可以更好地定义边缘，从而增加树木的厚重感。

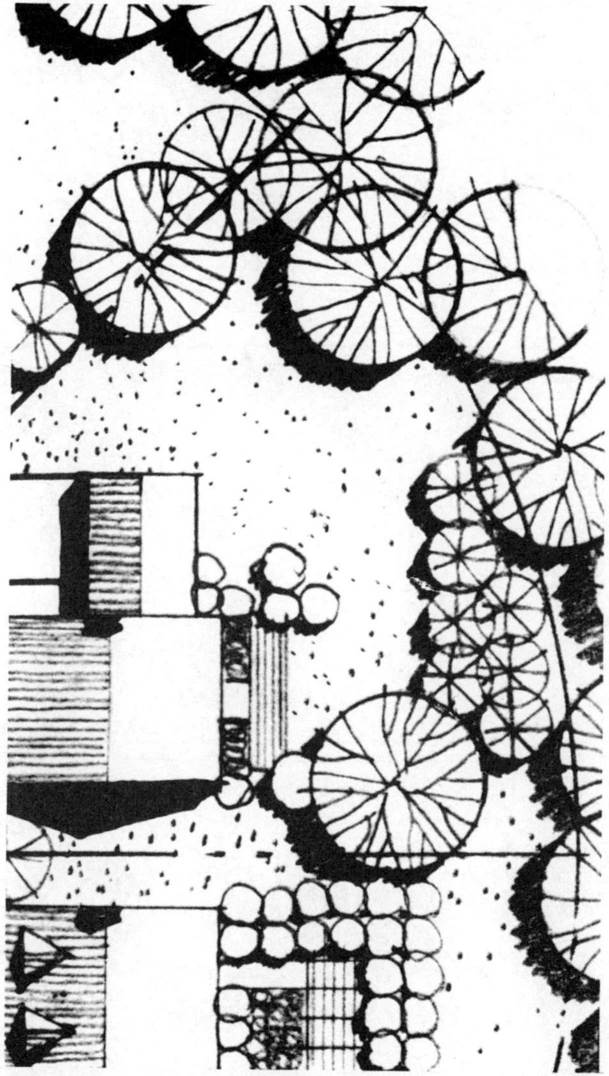

在大多数方案初步设计的平面图中,植物都是徒手绘制的。尽管它们的外表粗略,这些图例却可以快速而准确地绘制出来。

树木粗略图

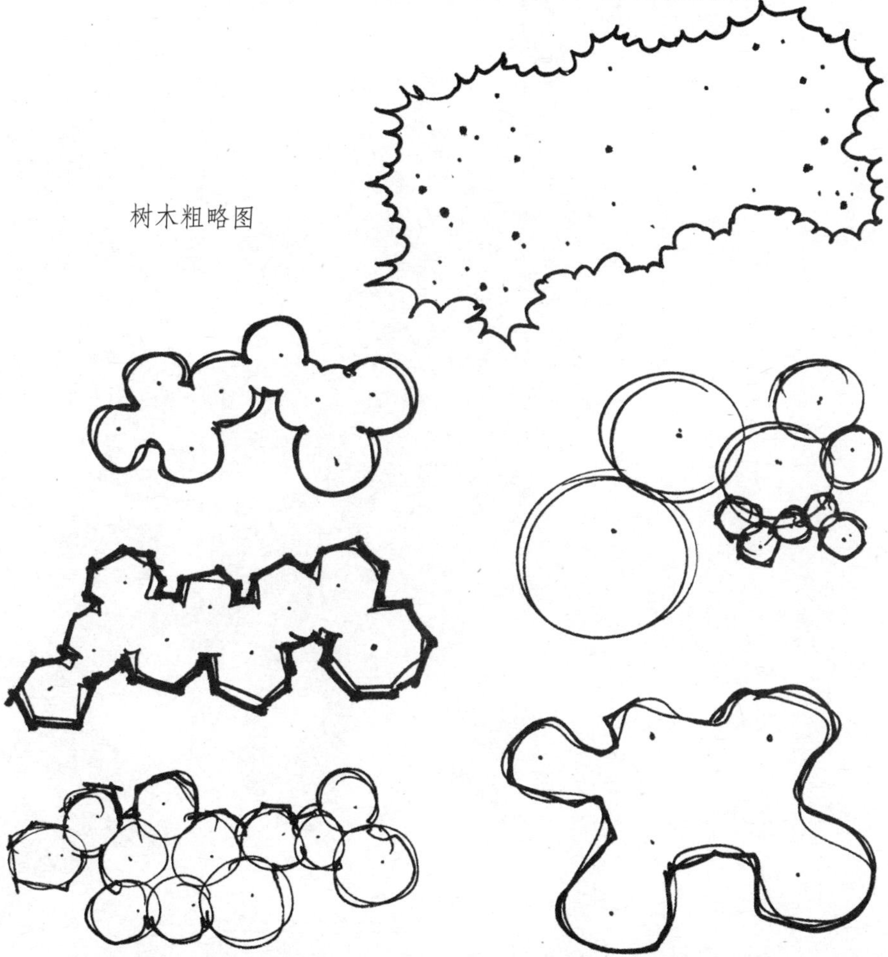

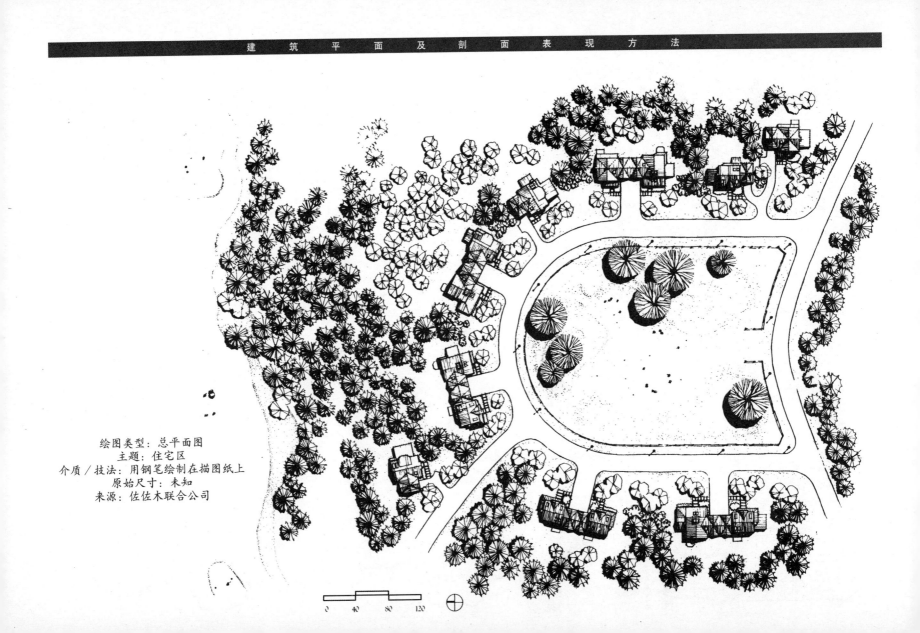

绘图类型：总平面图
主题：住宅区
介质／技法：用钢笔绘制在描图纸上
原始尺寸：未知
来源：佐佐木联合公司

0　40　80　120

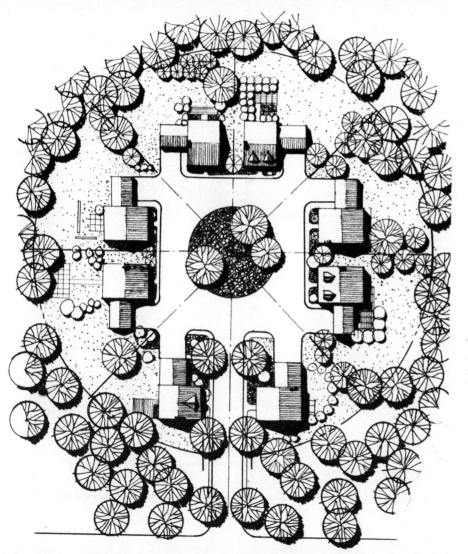

灌木

在平面图中，表示灌木的图例通常成块布置，除此之外，它与树木的画法是一样的。根据大小比例和绘制的内容，轮廓法通常比枝条法和纹理法更简单适用。如果灌木使用与树木类似的形式，就更加不适用枝条法和纹理法。

平面图

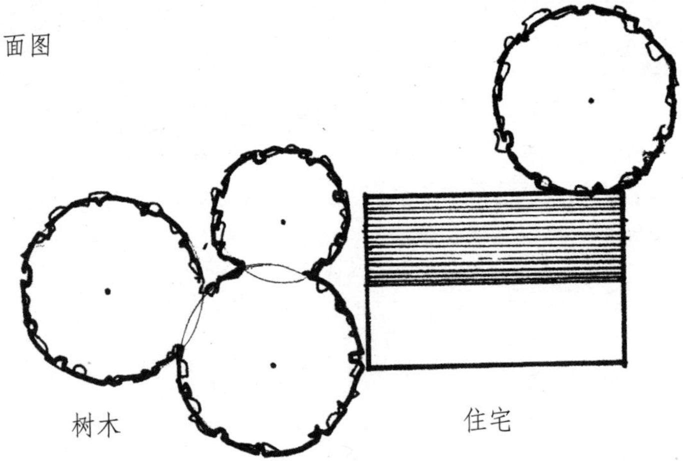

立面图

树木

住宅

长椅

灌木

灌木通常成块种植

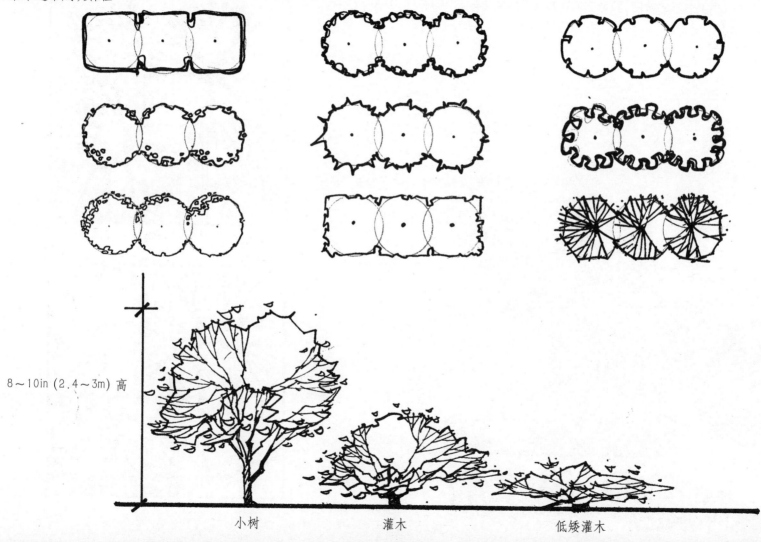

8～10in (2.4～3m) 高

小树　　　　　　　灌木　　　　　　　低矮灌木

轮廓图更适合小型灌木的绘制,因为它们看起来很厚重结实。对于小灌木来说,纹理图和枝条图过于复杂,尤其是当灌木与树木配植在一起时特别不适用。

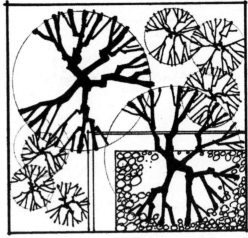

不好的画法

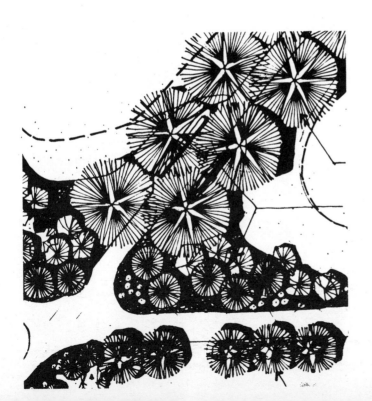

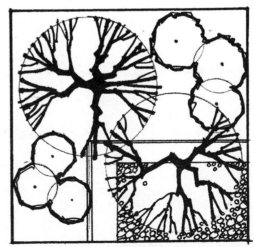

好的画法

地被

　　地被包括低矮的、匍匐植物和草。在平面图中，树木和灌木被绘制成地面上的物体，而地被植物则通常形成连续的背景。一幅图如果没有背景材料就会过分强调顶层物体（如树木和建筑），从而导致杂乱和缺乏连续性。背景材料不突出各个局部的个性，而是要和谐地联系在一起。

纹理是线条的组合

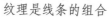

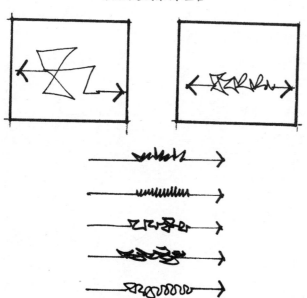

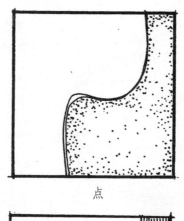

点

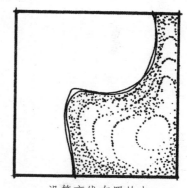

沿等高线布置的点

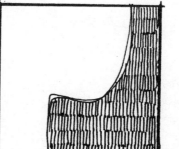

线条

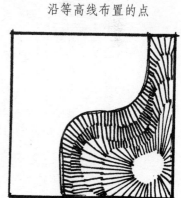

沿等高线布置的线条

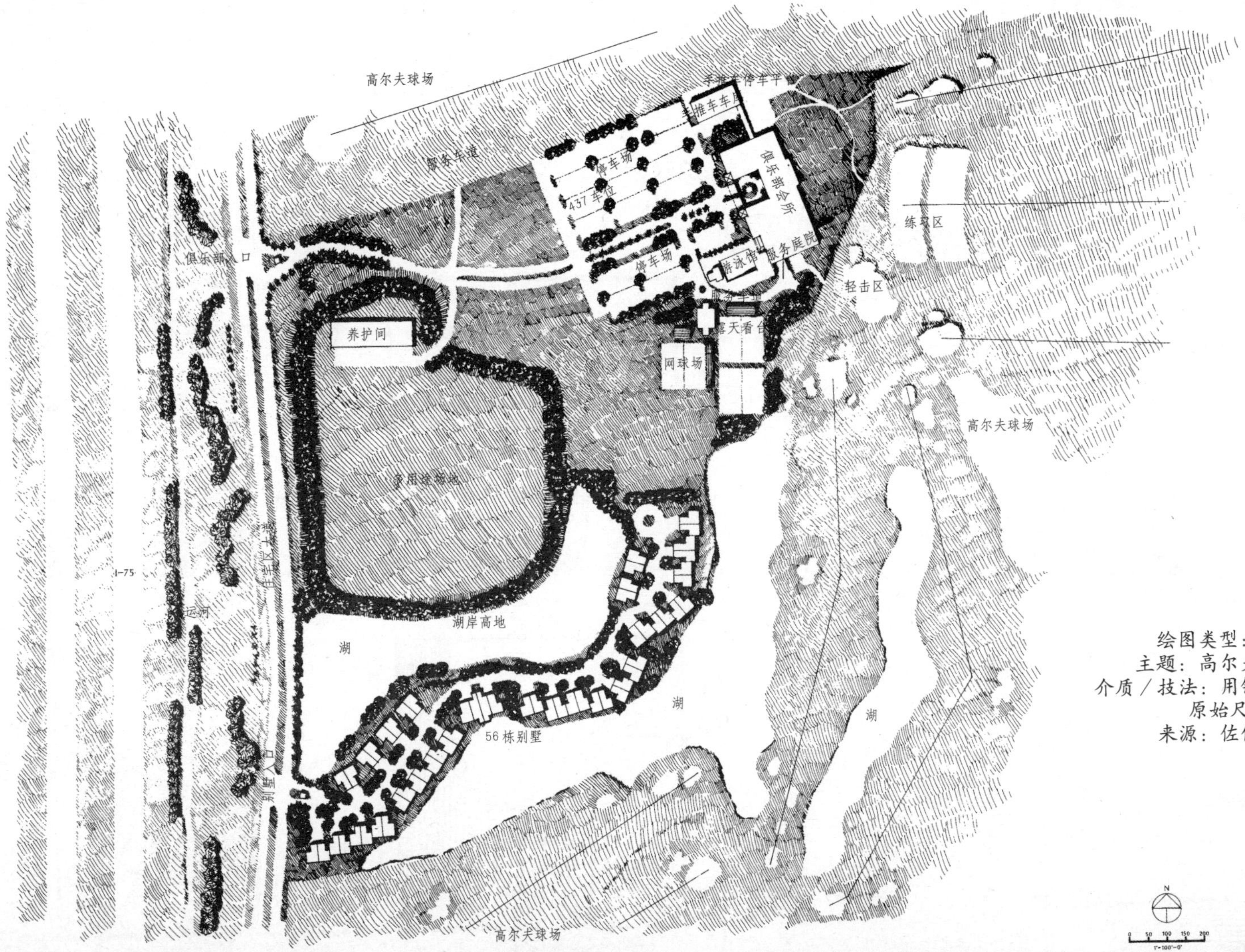

高尔夫球场

驾车车道

俱乐部入口

养护间

437 车位

停车场

停车场

俱乐部会所

手推车停车平台

练习区

轻击区

网球场

露天看

湖岸高地

湖

湖

湖

56 栋别墅

高尔夫球场

高尔夫球场

绘图类型：用地平面图
主题：高尔夫球场／住宅区
介质／技法：用钢笔绘制在描图纸上
原始尺寸：未知
来源：佐佐木联合公司

N

0 50 100 150 200

地被的纹理需要精心地挑选，仔细地与其他图例融合。它们的密度要均匀，线宽要一致。在同一幅图中要避免纹理的变化。过多的变化往往会增加平面图的复杂程度而产生混淆。

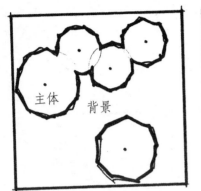

主体　背景

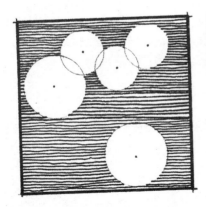

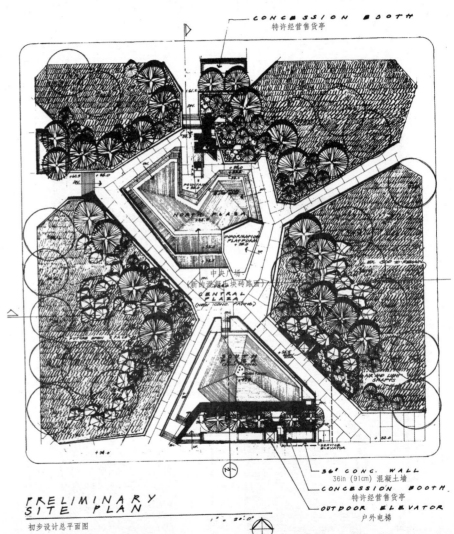

CONCESSION BOOTH
特许经营售货亭

PRELIMINARY
SITE PLAN

初步设计总平面图

1" = 20'0"

NORTH.

36" CONC. WALL
36in (91cm) 混凝土墙
CONCESSION BOOTH
特许经营售货亭
OUTDOOR ELEVATOR
户外电梯

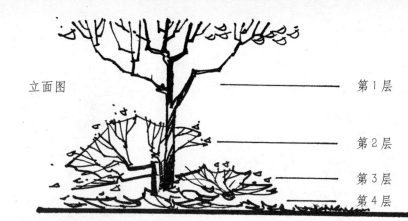

立面图

第 1 层

第 2 层

第 3 层
第 4 层

重叠和阴影

重叠的植物枝条图例需要小心地排布,以避免干扰和阻碍下面的其他图例。观察者从视觉上完成这些图例的边界是非常重要的。叠合的边界应该用细线来画,这样可以减少其复杂性。

用密集的枝条
限定边界

平面图

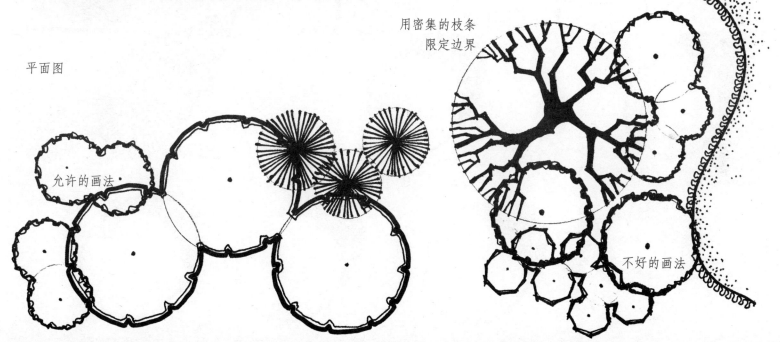

允许的画法

不好的画法

要避免将树木阴影绘制成油桶形状，因为树木的顶部不是平整的。

树冠通常以树的最高点作为轮廓线的圆心。树的阴影应该在其中间略长，然后朝边界慢慢倾斜变短。

常绿树呈圆锥形，其阴影则是带着尖角的长三角形。

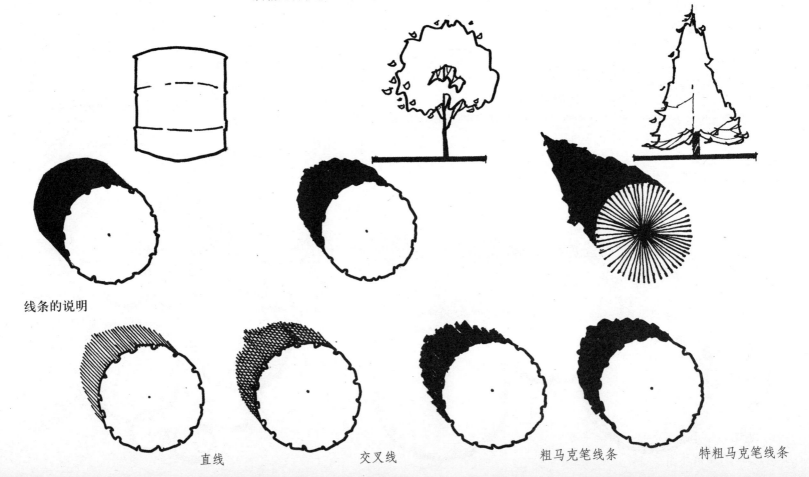

线条的说明

直线　　　　　　交叉线　　　　　　粗马克笔线条　　　　特粗马克笔线条

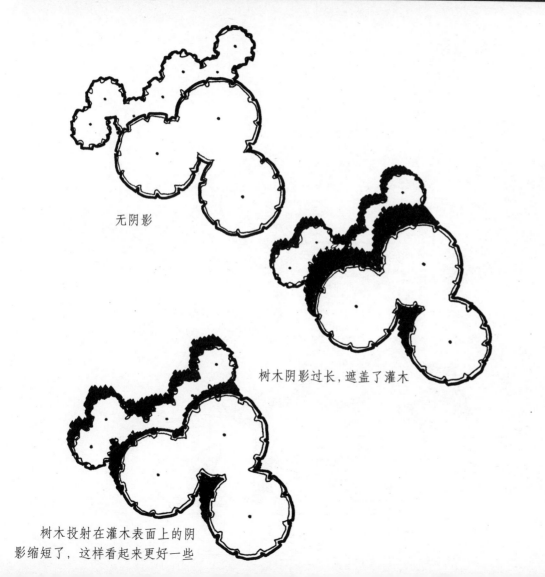

无阴影

树木阴影过长, 遮盖了灌木

树木投射在灌木表面上的阴影缩短了, 这样看起来更好一些

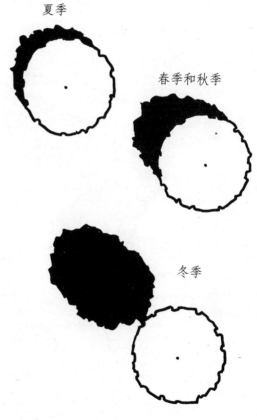

阴影与季节的关系

夏季

春季和秋季

冬季

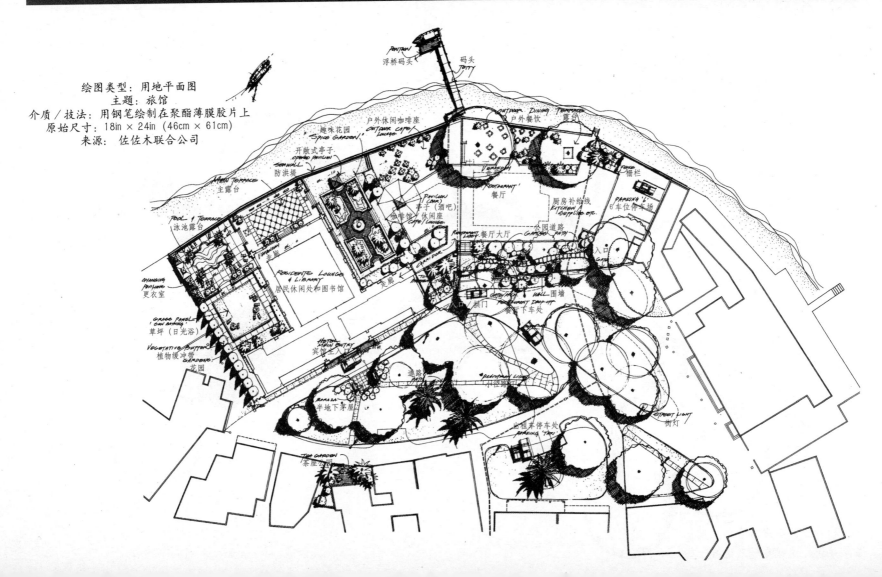

绘图类型：用地平面图
主题：旅馆
介质／技法：用钢笔绘制在聚酯薄膜胶片上
原始尺寸：18in × 24in（46cm × 61cm）
来源：佐佐木联合公司

PONTON
浮桥码头

码头
JETTY

户外休闲咖啡座
OUTDOOR CAFE'
LOUNGE

OUTDOOR DINING TERRACES
户外餐饮

趣味花园
SPICE GARDEN

开敞式亭子
OPENED PAVILION

SEAWALL
防洪堤

VERANDA

FENCE
栅栏

MAIN TERRACE
主露台

PAVILION (BAR)
亭子 (酒吧)

RESTAURANT'
餐厅

厨房补给线
KITCHEN
SUPPLIES ETC.

PARKING '6'
6 车位停车场

POOL 1 TERRACE
泳池露台

PAVILION
亭子
CAFE / LOUNGE
咖啡座／休闲座

公园道路
GARDEN PATH

入口

RESTAURANT
LOBBY 餐厅大厅

CHANGING
PAVILION
更衣室

RESIDENTS LOUNGE
& LIBRARY
居民休闲处和图书馆

GATE / ARCH
拱门

WALL 围墙
RESTAURANT DROP-OFF
餐厅下车处

CORRIDOR
走廊

GRASS PANEL
SUN BATHING
草坪（日光浴）

VEGETATIVE BUFFER
植物缓冲带
GARDENS
花园

HOTEL
MAIN ENTRY
宾馆主入口

通路
PATH

PEDESTRIAN LIGHT

STREET LIGHT
街灯

BARAZA
半地下茅屋

TEA GARDEN
茶座花园

出租车停车处
PARKING TAXI

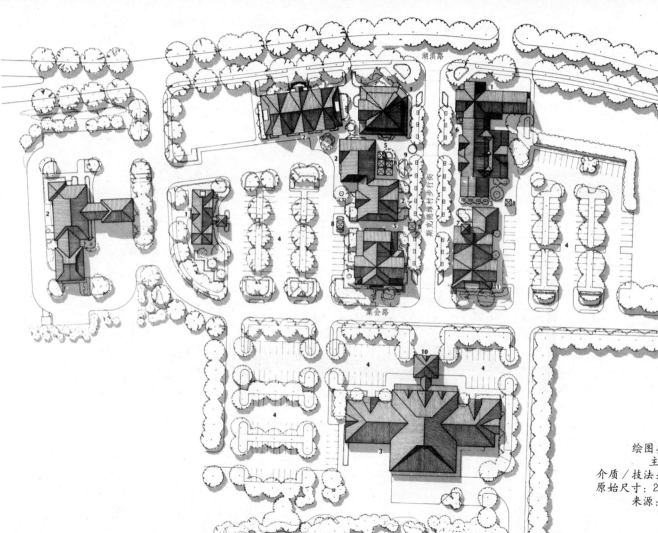

湖滨路

斯克德维村步行街

集会路

绘图类型：用地平面图
主题：零售中心
介质／技法：用钢笔绘制在描图纸上
原始尺寸：24in × 36in（61cm × 91cm）
来源：佐佐木联合公司

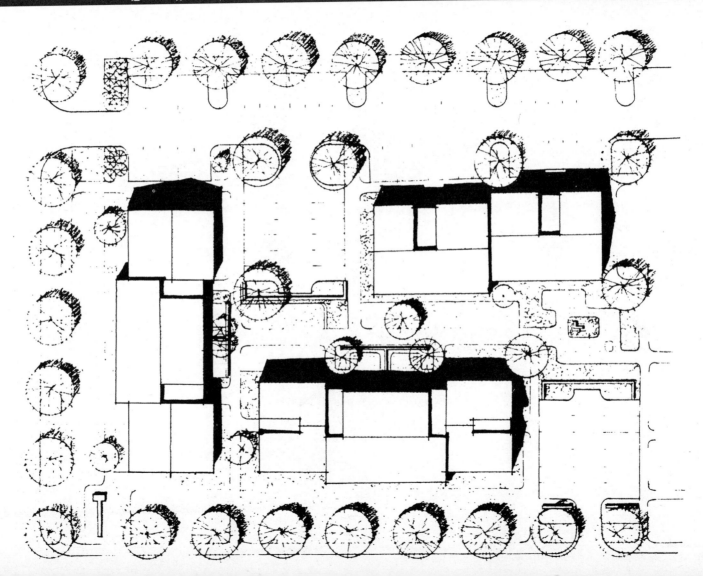

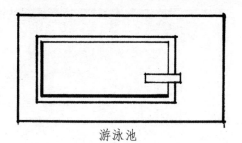

游泳池

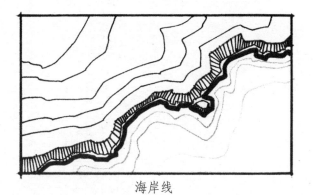

海岸线

水体

在平面图的绘制中,水体的刻画既可以成为点睛之笔,也可以成为破坏整体的败笔。在一幅呆滞的画面中,给水体加上色彩和闪光可以使画面变得生机勃勃。而水体色彩和纹理选择的失误也可以很快毁了一张图。草地与平面图中许多设计要素是相关联的,所以它可以覆盖大面积的相关区域,而独立的水体与平面图的其他设计要素却没有什么关联。草地、灌木与树木的相关性使得它们可以拥有类似的纹理和色彩。草地也可以轻易地与建筑和其他铺装表面联系起来。与此相反,水体却不能随意地使用纹理进行渲染,因为它必须有一套完全不同的纹理图案,而这样又可能会引起视觉上的混乱。例如,用波纹效果表现波浪应该是符合逻辑和恰当的,但是,它不断重复的圆形纹理会扰乱平面图的视觉平衡。

表现水体的简单办法就是加强边界线。这种边界线(海岸线或池岸线)可以表明水体的界限,也可以给观察者一个关于其功能和特点的暗示。这种边界线还加强了水陆之间的对比。最好的办法是用蒙版或喷笔制造一种统一色调的背景来突出水体。这种色调上的对比可以使水体变得轻淡,而不是与设计中的地面部分"抢风头"。

标签式

填充图

显示深度线

显示波纹

显示波浪

在本例中，水体被涂成黑色以形成与陆地的对比。

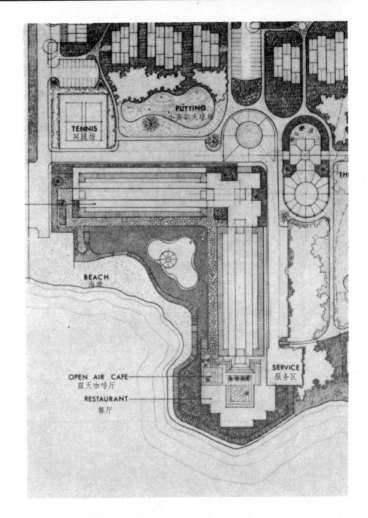

在本例中，水体是由若干与海岸线平行的线条绘制而成。这些线条象征着水体深度的渐变。

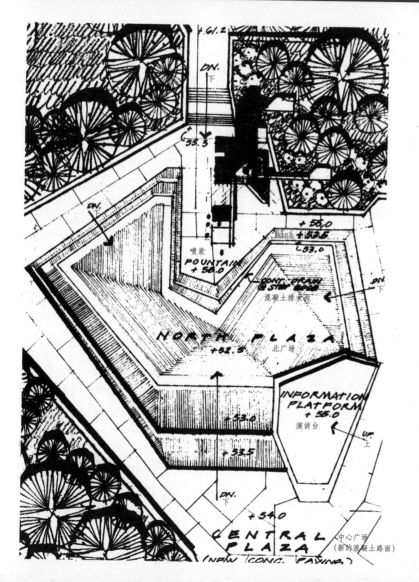

铺地

　　铺地如同地被一样,也是平面图中的一种背景材料,它也可以把不同的部分联系起来。铺地包括广场、公路、人行道、台阶、盖板、天井以及任何步行表面。每个设计中表示铺地的图例都不相同。这些图例大都是材料真实形状的简化,它们既表示了铺装表面的情况,也表现了材料形成的图案。图例表达的深度和纹理的选用取决于图纸的比例和尺寸。例如,在以1:2400比例绘制的平面图上表现单个铺装单位不仅是不恰当的,也是在浪费时间。应该对整个视觉效果作出评估,然后根据自己的常识来选择铺砌图例。

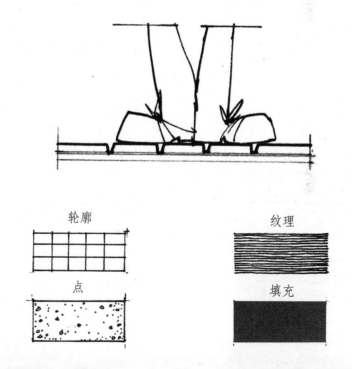

轮廓　　　　　　　　纹理

点　　　　　　　　　填充

典型的铺地图例

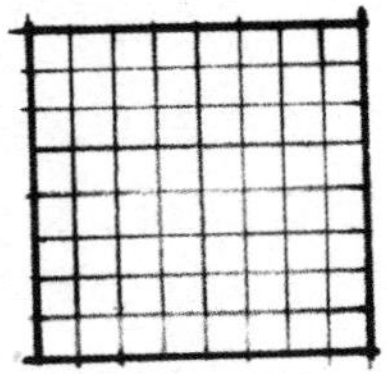

面砖

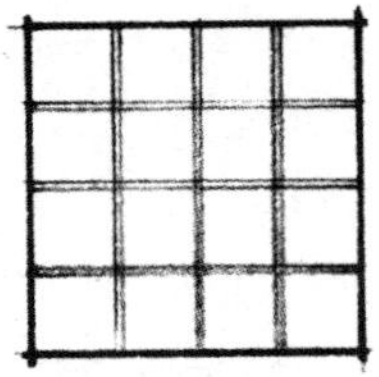

砖块／面砖

石块

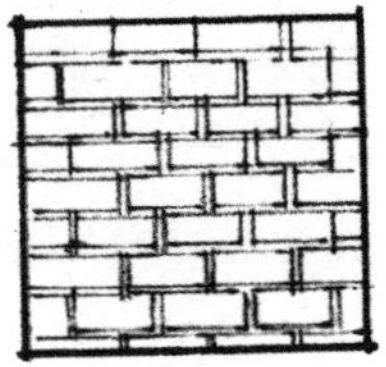

砖块

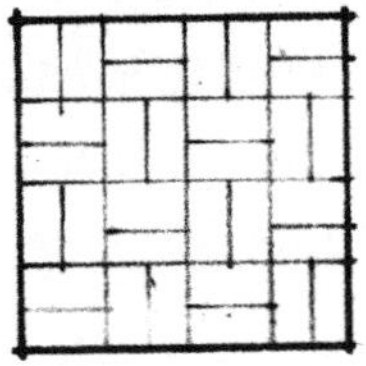

砖块

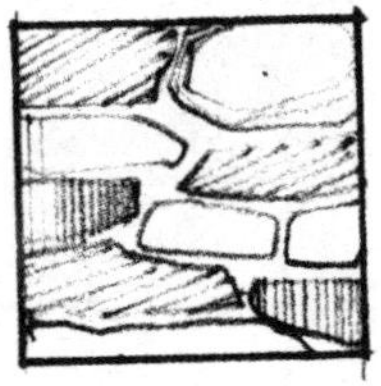

石块

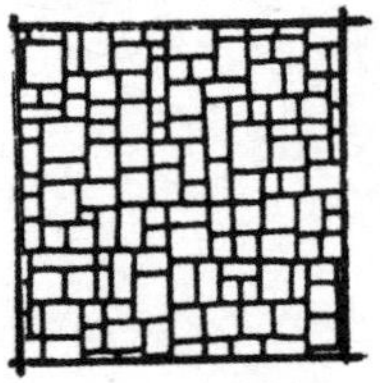

石块（填充图）

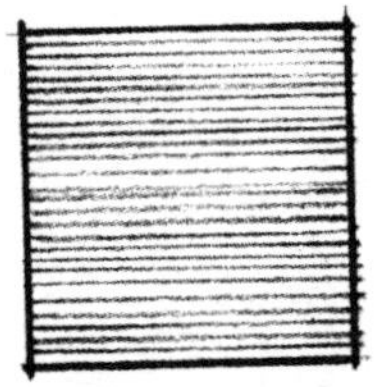

拉条混凝土

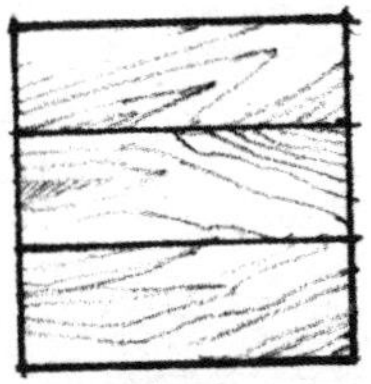

木砖

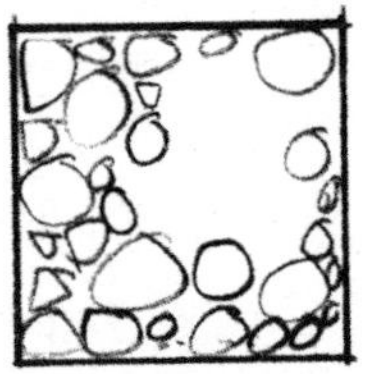

混凝土

混凝土

岩石

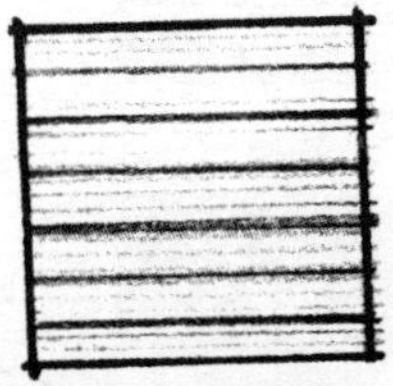

木砖（填充图）

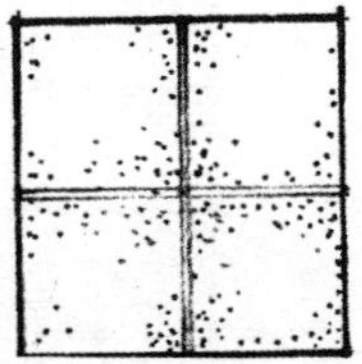

带拼缝的混凝土

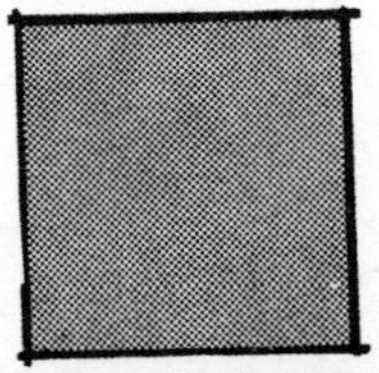

混凝土（填充图）

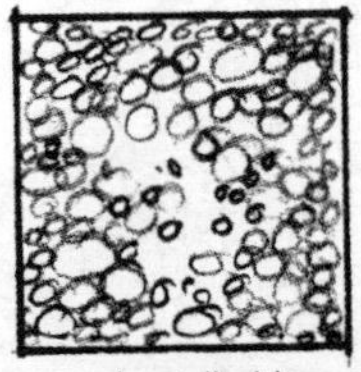

砂石集料

道路宽度

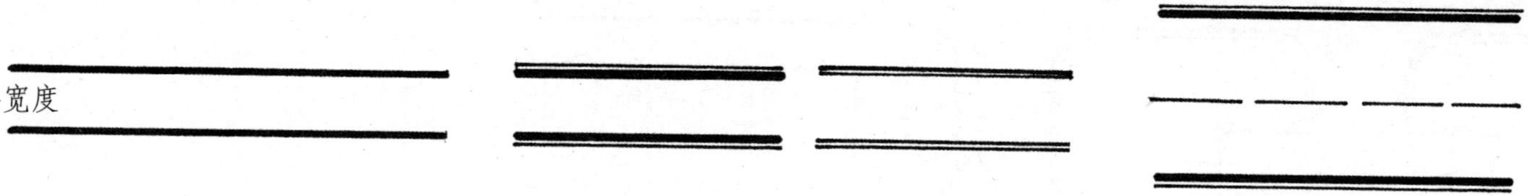

路缘

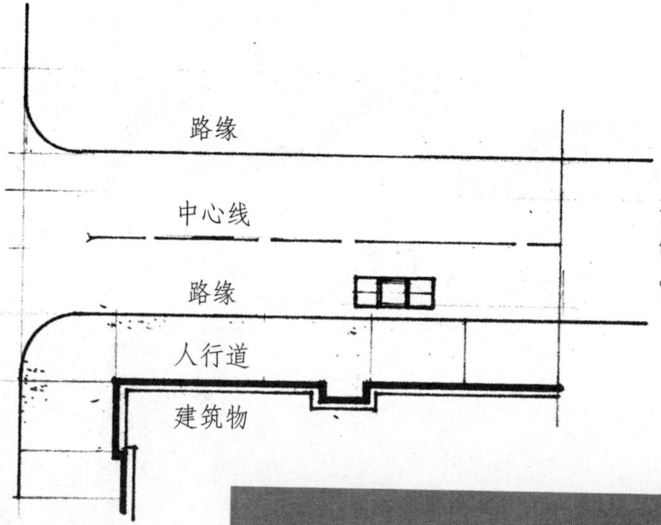

路缘

中心线

路缘

人行道

建筑物

一条单线不能形成强有力的空间边界，双线能够形成这种效果，因而常常用来表现路缘。

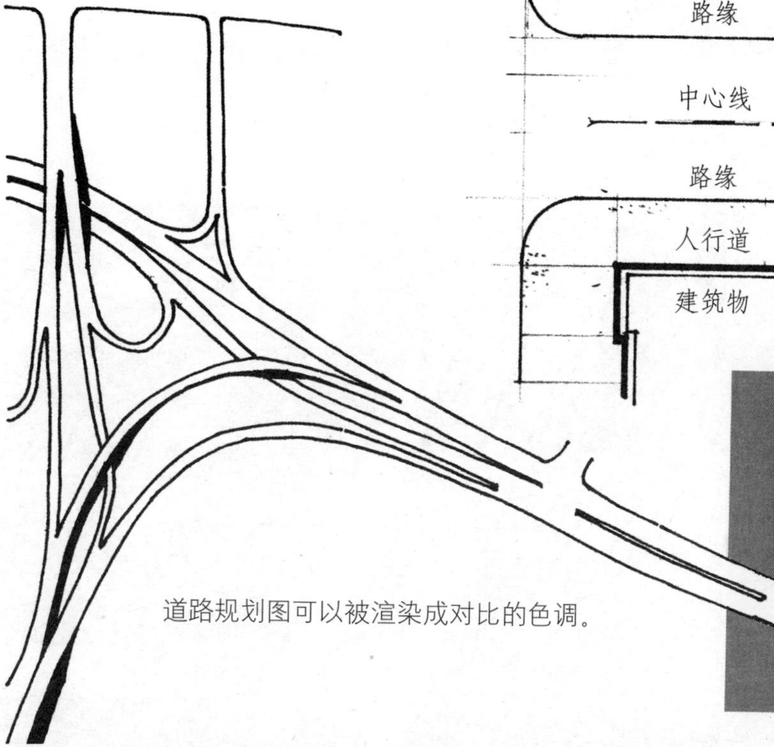

道路规划图可以被渲染成对比的色调。

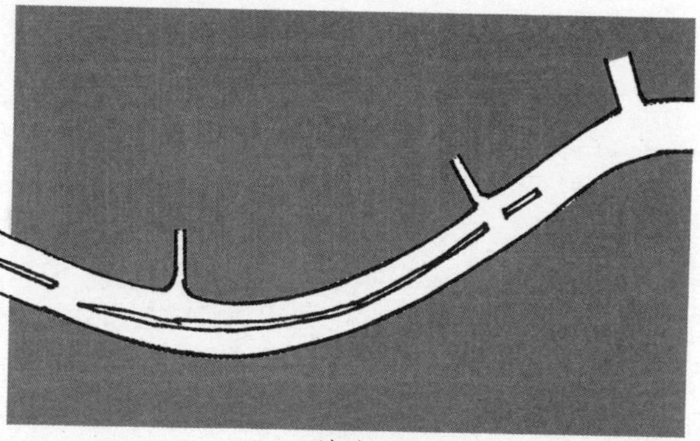

填充图

路缘

停车位
（仔细测量
并以细线绘
制）

汽车图例表示了运动状态

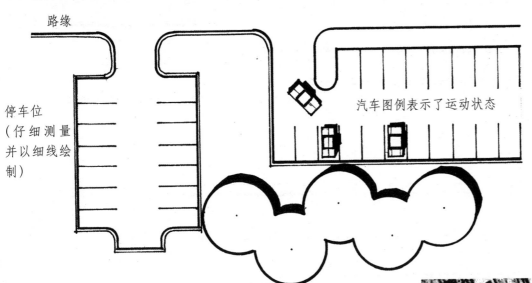

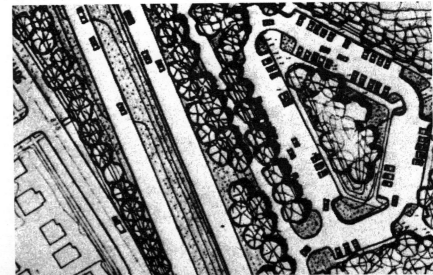

用阴影显示高度变化

穿过建筑物的道路

地道（高架桥下的通道）

桥（高架桥）

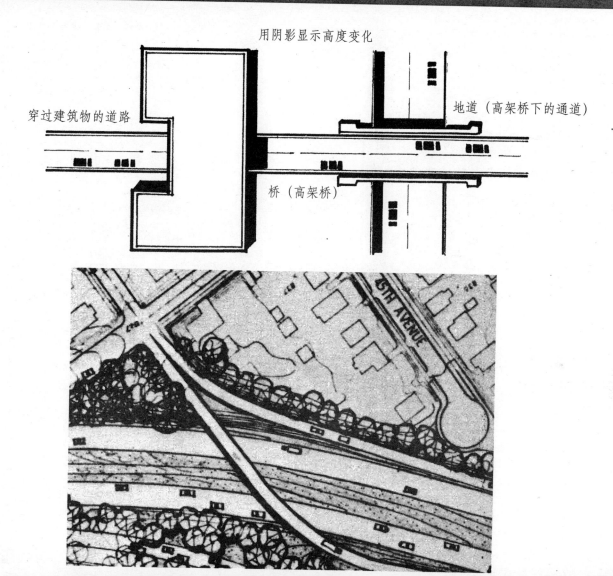

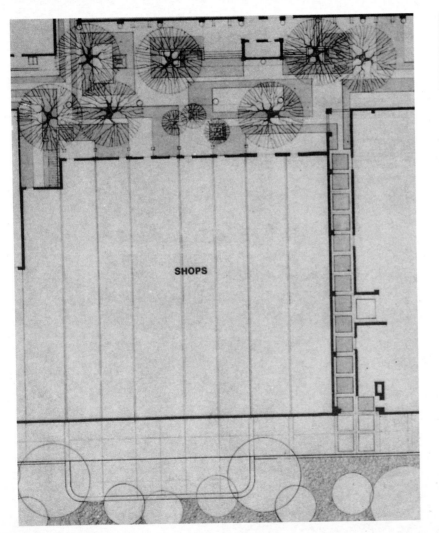

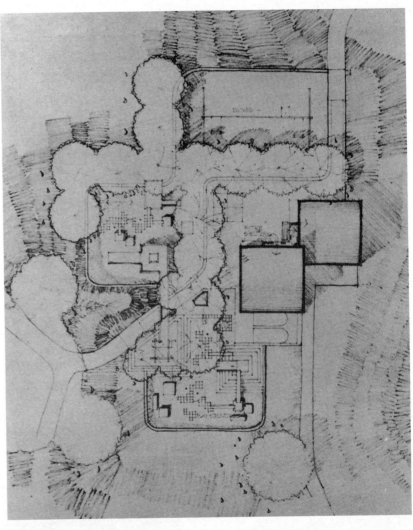

小汽车

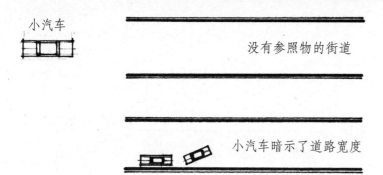

没有参照物的街道

小汽车暗示了道路宽度

其他

除了建筑、植被、水体和地面之外，还有许多其他的设计要素出现在平面图中，包括人、汽车、长凳、棚架、手推车、旗杆、亭子、小船、雕塑、灯具和标记牌等。因为每一个设计都是唯一的，各不相同，所以这些特殊要素并没有各自的标准、统一的图例。本书的一些提议仅供参考。但是，对于每一个设计者来说，最好的办法是自己创立一套精美而且和整个图形十分和谐的图例体系。

汽车、游艇和人都是平面图中装饰性的元素。它们起着辅助作用，可以提高平面图绘制的质量。它们是图形比例的指示器，也暗示了图纸设计用途。

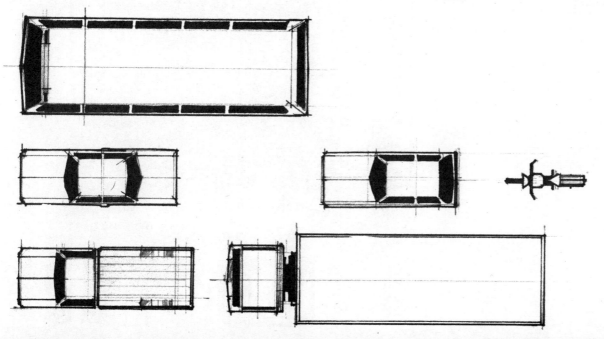

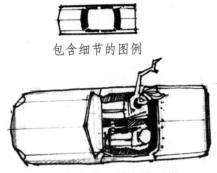

简单的、象征性的图例

包含细节的图例

复杂的、逼真的图例

　　汽车并非设计的一部分,它们不应被过分渲染,因为过多的细节
会使人们从关注设计转移到关注汽车。它们应该合乎比例,当然也要
遵守交通法规。

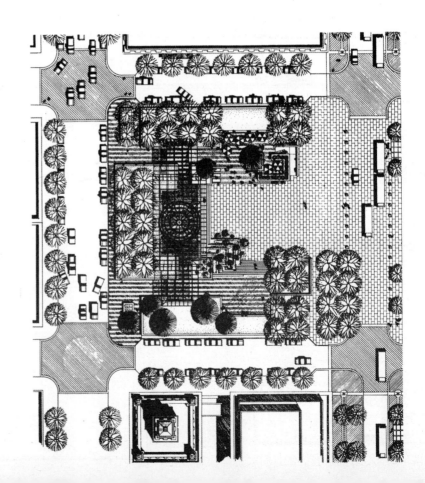

剖面图和立面图

9

剖面图和立面图比平面图更接近现实，因而也就更加易于理解。与平面图只能显示从上方看到的景象不同的是，剖面图显示的是在物体的剖切侧面所看到的景象，如同物体就在我们面前。这种观察物体的角度与我们从视觉上感受空间距离的方式是非常类似的，所以表达的效果和现实更接近。剖面图不仅显示了水平尺寸，同时还显示了垂直尺寸。与使用二维空间的平面图相比，由于它们所暗示的视点高度，观察者更容易将设计与空间联系起来。

仅有平面图对于传达设计意图来说是不够的，因为它仅仅只能处理水平方向上的尺度。所以平面图必须与能够显示垂直尺寸的图纸结合起来，才能完整地表达设计意图。而剖面图和立面图正可以做到这一点。剖面图表示的是沿剖切线剖开后的情形。剖切线是横穿平面图的任意线条，它是为了方便人们理解沿剖切线的水平和垂直情况而设的。总之，剖切线通常是穿过垂直坡度变化较大的位置或是建筑与土地相交的位置。在这种情况下，剖面图能够说明设置台阶、保留墙体或者设置能够俯览壮丽景色的露台的必要性。简而言之，剖面图对设计表现来说是至关重要的，因为它可以完善平面图，给观察者提供更多的设计信息。在通常的设计中，剖面图

至少需要两幅：纵向和横向。不过，根据设计问题的具体情况和用地情况的复杂性，只要有必要设计者就可以通过更多的剖面图来完整地表达其设计。在这里，关键的是完整而不是冗余。

从技术角度来说，剖面图和立面图都是垂直投影图。在剖面图中，我们可以假想自己的视线与剖切线形成的平面垂直。在立面图中，我们的视线与目标或设计物体的正面直接接触、相互垂直。在这种情况下，垂直面可能是建筑物、一排树或者设计入口的正面。而在另一方面，剖面图显示的只是沿剖切线的轮廓，显示的图形数量可能会很少，也不会很吸引人。所以，剖面图有时就由包括剖切线后部物体的剖立面图来代替。这可以加深图纸的深度，还可以使图纸看上去更有吸引力。

在剖面图和立面图中最值得注意的是比例的变化。平面图在小比例（1：600、1：1200、1：2400 等）时仍然可以准确表达和加以辨识。而剖面图甚至在 1：480 时就表达模糊，只能表现极少的信息。通常，剖面图和立面图的比例采用 1：240、1：192、1：120、1：96，甚至 1：48 才有意义，才能清晰地识别。在施工文件中，剖面图和立面图通常使用更大的建筑比例，如 1：24、1：6 甚至 1：4 来表明材料和构造方式。

绘图类型：立面图
主题：滨水区
介质／技法：用钢笔绘制在描图纸上
原始尺寸：11in × 8.5in (28cm × 22cm)
来源：王氏国际联合公司

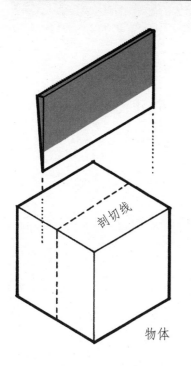

剖切线

物体

沿着剖切线的
物体轮廓线

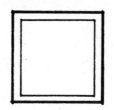

剖切视图

施工详图显示的是建筑材料、施工方法和尺寸。
地形图显示的是地形的变化。
建筑与景观图显示的是房子的位置和室内外的关系。

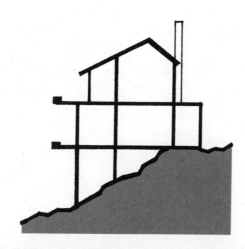

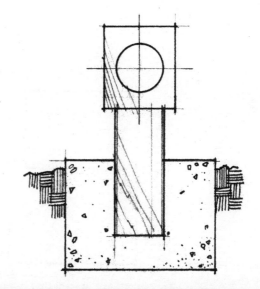

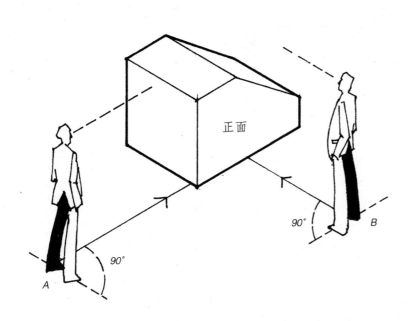

正面

90°

A

90°

B

剖立面图

立面图

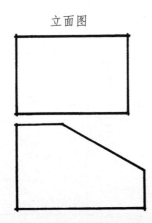

透视图

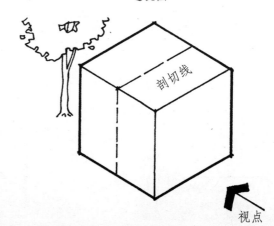

剖切线

视点

剖面图

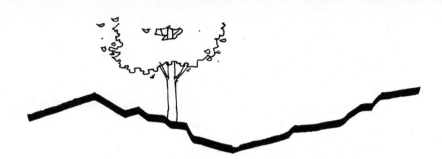

剖立面图

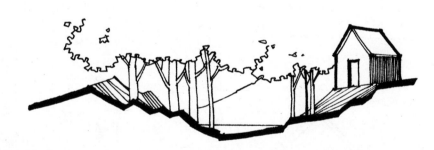

剖切透视图

剖面图

剖切透视图

剖立面图

正立面图

侧立面图

垂直尺度放大图

在大型的景观规划设计中,剖面图用于阐明地形的变化以及山谷与山脊、陆地与水体、山岗和平原等之间的关系。水平距离尺度大到可以英里计,所以如果用这样的大尺度来表示垂直尺寸,那么垂直尺寸的变化几乎不可见。如此巨大的水平跨度将使垂直方向上的变化显得微乎其微。在这种情况下,为了增强其效果我们通常会夸大其垂直比例、放大其高度。虽然这是一种不正确的投影图,但却是传递基本信息的有效方法。

剖面图和立面图绘制的目的是显示垂直方向上的尺寸变化。当水平跨度如此巨大以至于其垂直变化显得微乎其微时,为了增强其效果就用垂直夸张来放大其高度。这是一种失真的图示。垂直夸张常常用于显示各分区间关系的地域性剖面图中。但是在人造景观中片面放大垂直尺寸则是不合适的。

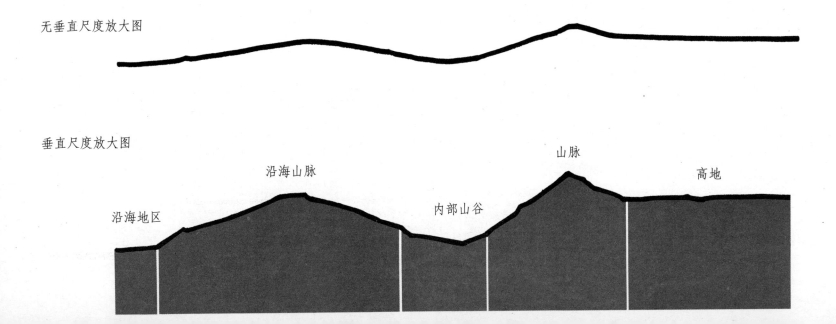

无垂直尺度放大图

垂直尺度放大图

沿海地区　沿海山脉　内部山谷　山脉　高地

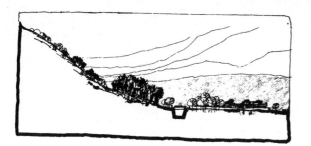

大量树木群

分水渠和水系

邻里社区主入口

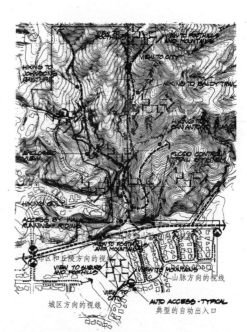

城区方向的视线

山脉方向的视线

典型的自动出入口

绘图类型：平面图
主题：历史资料平面图
介质／技法：水彩
原始尺寸：36in×24in (91cm×61cm)
来源：伊利诺伊大学景观建筑系档案

绘图类型：平面图／立面图
主题：城市广场
介质／技法：用马克笔绘制在黑色网纹纸上
原始尺寸：24in×36in (61cm×91cm)
来源：密歇根大学学生作品

绘图类型：平面图
主题：室内
介质／技法：彩色平涂
原始尺寸：20in×16in（51cm×41cm）
来源：哈佛大学设计专业研究生院学生作品

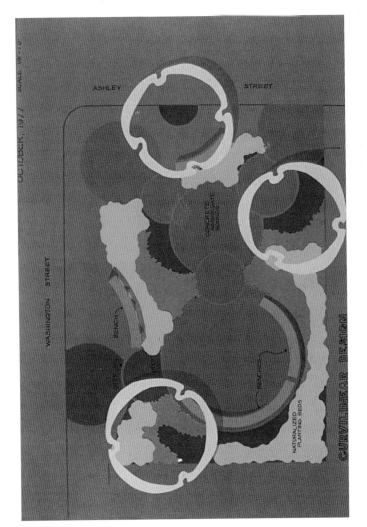

绘图类型：平面图
主题：城市公园
介质/技法：彩色平涂
原始尺寸：20in × 16in (51cm × 41cm)
来源：左：密歇根大学学生作品；右：王氏国际联合公司

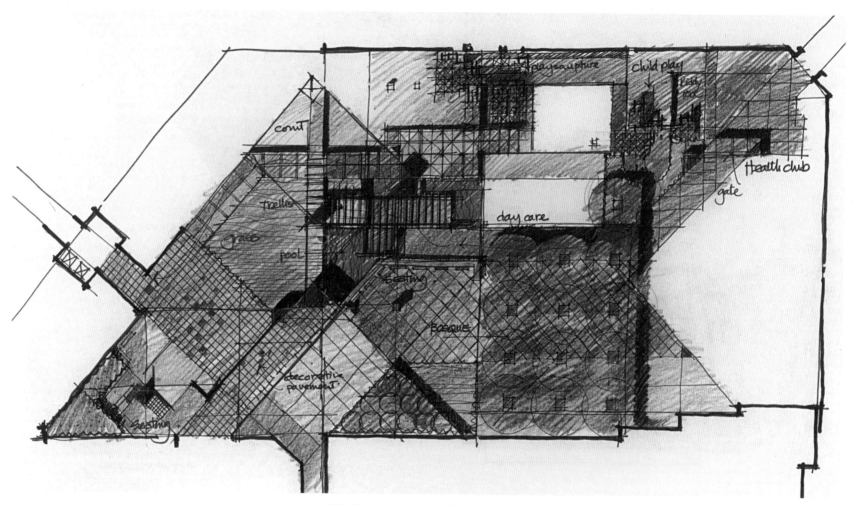

绘图类型: 平面图 (设计分析示意图)
主题: 屋顶花园
介质/技法: 用粗线和彩色铅笔绘制在黄色描图纸上
原始尺寸: 14in×24in (36cm×61cm)
来源: 王氏国际联合公司

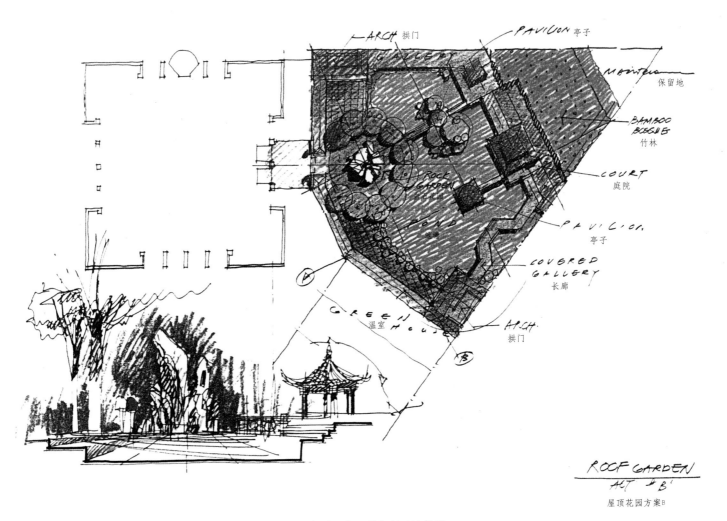

ARCH 拱门

PAVILION 亭子

GALLERY

MOUNTERS
保留地

BAMBOO
BOSQUE
竹林

COURT
庭院

ROCK
GARDEN

PAVILION
亭子

COVERED
GALLERY
长廊

GREEN
HOUSE
温室

ARCH
拱门

ROOF GARDEN
ALT # B'

屋顶花园方案B

绘图类型：平面图和剖面透视图
主题：屋顶透视
介质／技法：用彭特尔记号笔和彩色铅笔绘制在白色描图纸上
原始尺寸：24in×24in (61cm×61cm)
来源：斯塔宾斯联合公司；王氏国际联合公司

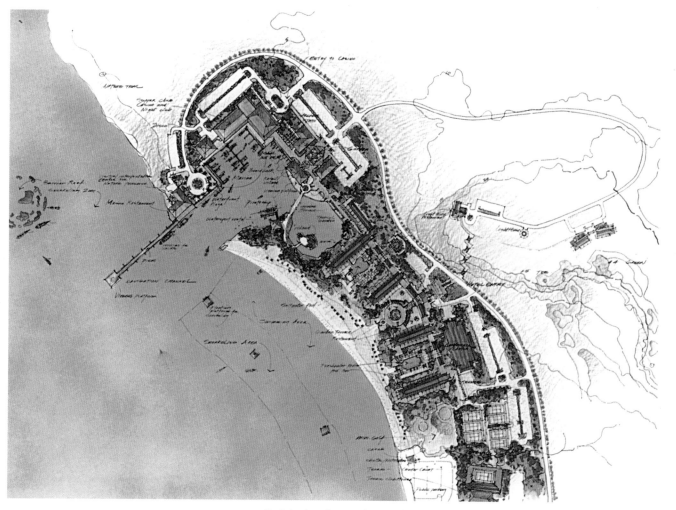

绘图类型：平面图（成果图）
主题：度假胜地
介质/技法：首先用粗线绘制在白色描图纸上；然后把描图纸上所有标记拍摄到平滑的照片纸上，再把照片纸干裱在硬泡沫板
上，最后用马克笔和彩色铅笔着色、喷笔喷绘
原始尺寸：30in×42in（76cm×107cm）
来源：佐佐木联合公司

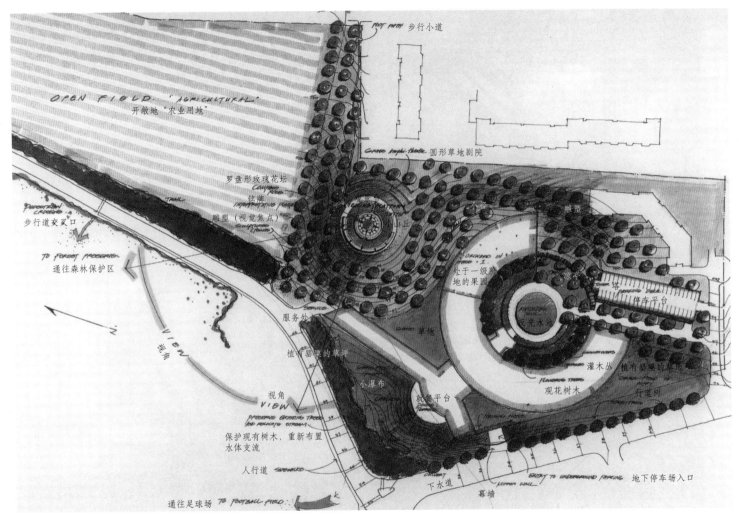

FOOT PATH 步行小道

OPEN FIELD "AGRICULTURAL"
开敞地"农业用地"

Circle Amphi-theatre 圆形草地剧院

罗盘形玫瑰花坛
Compass Rose
铭牌 Interpretative Plaque
雕塑（视觉焦点）
Sculpture (focus)

山丘

小径

雕塑

PEDESTRIAN CROSSING·A
步行道交叉口

ORCHARD IN PHASE · I
处于一级阶地的果园

凉亭

塔

TO FOREST PRESERVE
通往森林保护区

停车平台

反光水池

N

VIEW
视角

服务处

GRAND 草地

植有草坪的草坪

灌木丛
植有草坪的草地

小瀑布

FLOWERING TREES
观花树木

行道树

视角
VIEW

就餐平台

PRESERVE EXISTING TREES
AND RELOCATE STREAM
保护现有树木，重新布置
水体支流

人行道 SIDEWALK

下水道

ENTRY TO UNDERGROUND PARKING
地下停车场入口

通往足球场 TO FOOTBALL FIELD

幕墙
MIRROR WALL

绘图类型：平面图（设计分析示意图）
主题：沙洲
介质/技法：用彩色马克笔绘制在黑色网纹纸上，用彩色铅笔画阴影
原始尺寸：24in×36in (61cm×91cm)
来源：王氏国际联合公司

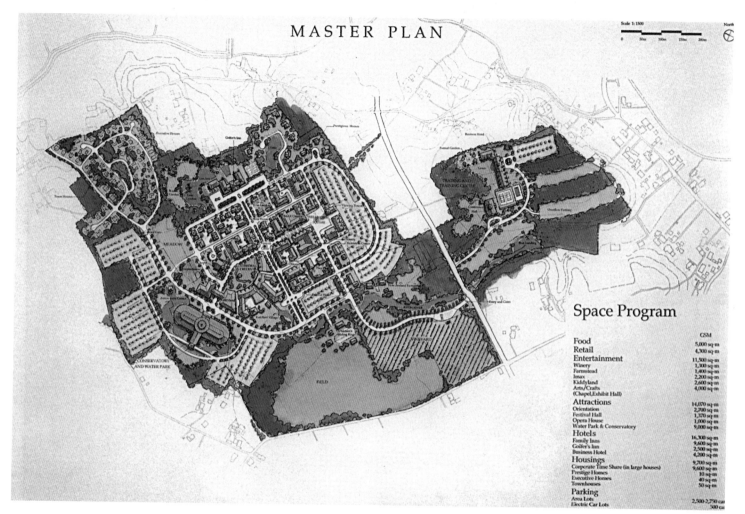

MASTER PLAN

Scale 1: 1500   North

Space Program

	GSM
Food	5,000 sq-m
Retail	4,300 sq-m
Entertainment	11,500 sq-m
Winery	1,300 sq-m
Farmstead	1,400 sq-m
Imax	2,200 sq-m
Kiddyland	2,600 sq-m
Arts/Crafts	4,000 sq-m
(Chapel,Exhibit Hall)	
Attractions	14,070 sq-m
Orientation	2,700 sq-m
Festival Hall	1,370 sq-m
Opera House	1,000 sq-m
Water Park & Conservatory	9,000 sq-m
Hotels	16,300 sq-m
Family Inns	9,600 sq-m
Golfer's Inn	2,500 sq-m
Business Hotel	4,200 sq-m
Housings	9,700 sq-m
Corporate Time Share (in large houses)	9,600 sq-m
Prestige Homes	10 sq-m
Executive Homes	40 sq-m
Townhouses	50 sq-m
Parking	
Area Lots	2,500-2,750 car
Electric Car Lots	500 car

绘图类型：平面图（成果图）

主题：度假胜地

介质/技法：首先用粗线绘制在白色描图纸上，然后将整体布局复制到成果图上（相当于使用水彩纸），再将成果图干裱在硬泡沫板上，
最后用水彩进行加工

原始尺寸：30in×48in (76cm×122cm)

来源：佐佐木联合公司

绘图类型：平面图（成果图）
主题：滨水公园
介质/技法：用彩色铅笔绘制在印有标准黑条纹的黑色网纹纸上，最后用喷笔喷绘（黑墨水）
原始尺寸：18in×24in (46cm×61cm)
来源：佐佐木联合公司

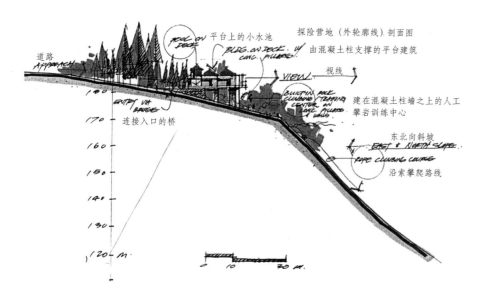

绘图类型：剖面图／立面图

主题：坡地开发规划

介质／技法：用黑色粗线和彩色马克笔绘制在白色描图纸上，并用红色粗线予以强调

原始尺寸：左图：12in×24in（30cm×61cm）

　　　　　下图：12in×16in（30cm×41cm）

来源：佐佐木联合公司

探险营地（外轮廓线）剖面图

由混凝土柱支撑的平台建筑

平台上的小水池

视线

建在混凝土柱墙之上的人工攀岩训练中心

东北向斜坡

沿索攀爬路线

道路 APPROACH

连接入口的桥

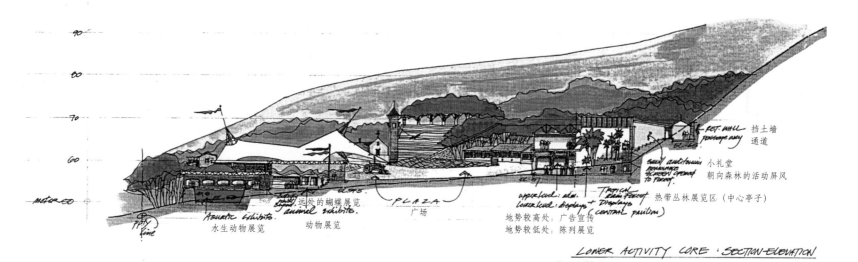

远处的蝴蝶展览

水生动物展览

动物展览

广场

地势较高处：广告宣传

地势较低处：陈列展览

热带丛林展览区（中心亭子）

挡土墙 通道

小礼堂 朝向森林的活动屏风

LOWER ACTIVITY CORE : SECTION-ELEVATION

1:250　低处的活动中心：剖立面图

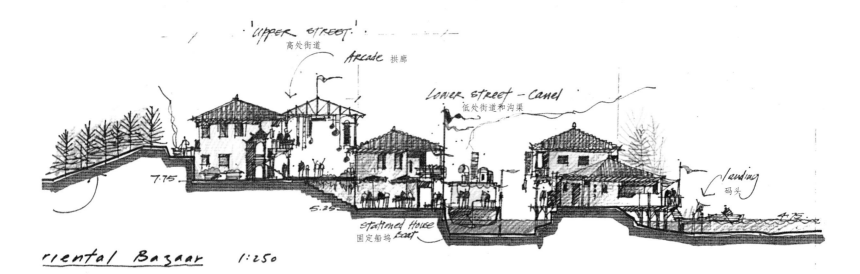

"UPPER STREET"
高处街道

Arcade 拱廊

Lower street - Canel
低处街道和沟渠

landing
码头

7.75

5.25

Stationed House
固定船坞 East

riental Bazaar   1:250

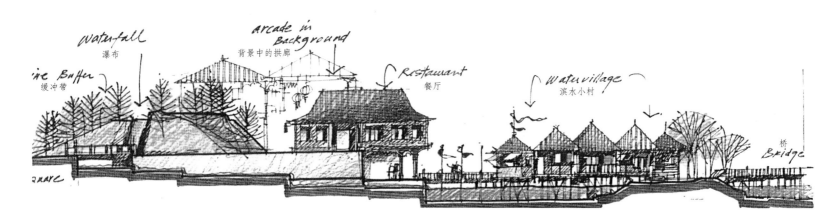

Waterfall
瀑布

arcade in Background
背景中的拱廊

Restaurant
餐厅

Water village
滨水小村

ine Buffer
缓冲带

Bridge
桥

绘图类型：剖面图／立面图
主题：滨水区节日市场
介质／技法：用彩色铅笔绘制黑色或褐色斜线，用马克笔描画轮廓
原始尺寸：12in×24in (30cm×61cm)
来源：王氏国际联合公司

绘图类型：剖面图／立面图
主题：坡地共管开发规划
介质／技法：用斜线笔和彩色马克笔绘制在白色描图纸上
原始尺寸：12in × 24in（30cm × 61cm）
来源：佐佐木联合公司

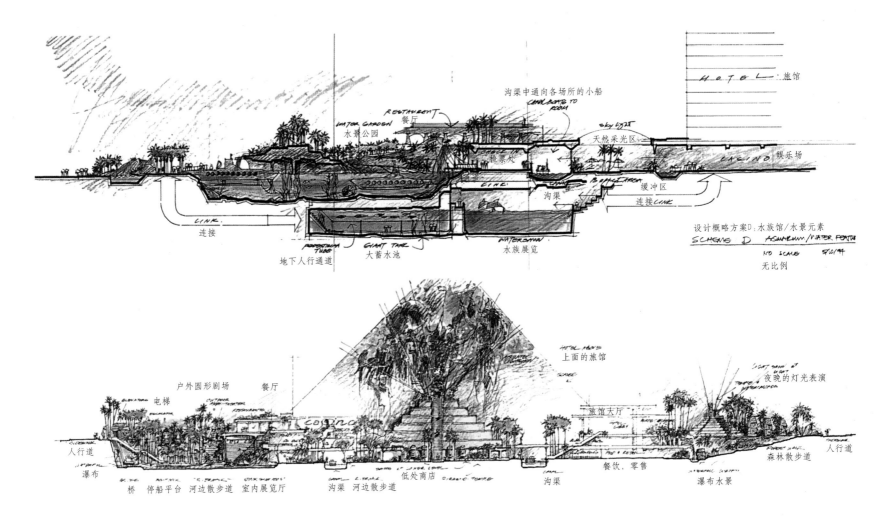

沟渠中通向各场所的小船
CANAL BOATS TO
ROOM

HOTEL 旅馆

RESTAURANT 餐厅

WATER GARDEN
水景公园

sky light
天然采光区

CASINO 娱乐场

检票处

通道

LINK

沟渠

缓冲区

连接 LINK

LINK
连接

PEDESTRIAN TUBE
地下人行通道

GIANT TANK
大蓄水池

WATER SHOW
水族展览

设计概略方案D：水族馆/水景元素
SCHEME D AQUARIUM/WATER FEATURE

NO SCALE   8/6/94

无比例

户外圆形剧场   餐厅

ELEVATOR 电梯

HOTEL ABOVE
上面的旅馆

LIGHT SHOW at
夜晚的灯光表演

CASINO

旅馆大厅

人行道

瀑布

人行道

森林散步道

桥 停船平台 河边散步道 室内展览厅

低处商店

沟渠 河边散步道

餐饮，零售

沟渠

瀑布水景

绘图类型：立面图
主题：娱乐场
介质/技法：用彭特尔记号笔和彩色铅笔绘制在白色描图纸上
原始尺寸：14in×36in (36cm×91cm)
来源：王氏国际联合公司；斯塔宾斯联合公司

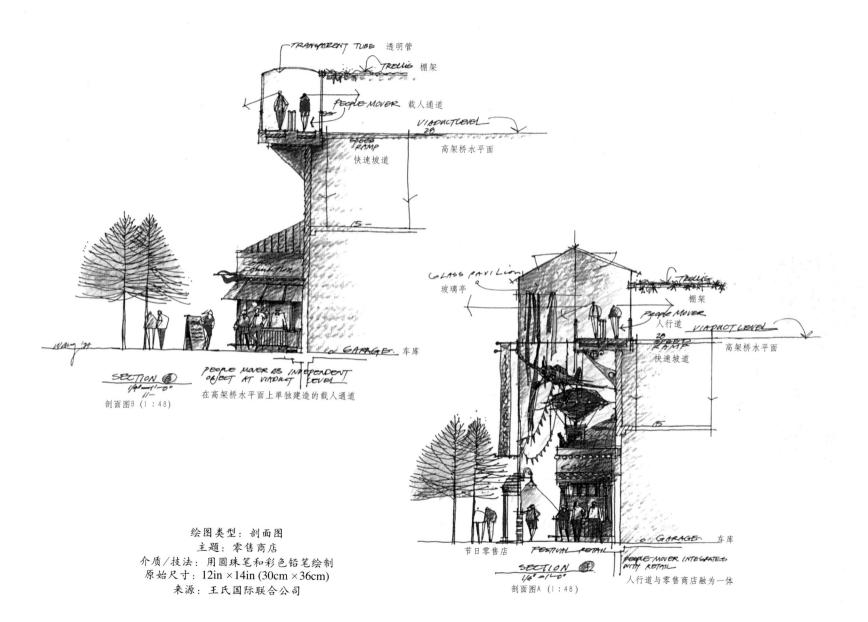

TRANSPARENT TUBE 透明管

TRELLIS 棚架

PEOPLE MOVER 载人通道

VIADUCT LEVEL

SPEED RAMP 快速坡道　高架桥水平面

15

GARAGE 车库

SECTION B
1/4"=1'-0"

剖面图B（1:48）

PEOPLE MOVER AS INDEPENDENT OBJECT AT VIADUCT LEVEL
在高架桥水平面上单独建造的载人通道

GLASS PAVILION 玻璃亭

TRELLIS 棚架

PEOPLE MOVER 人行道

VIADUCT LEVEL

SPEED RAMP 快速坡道　高架桥水平面

15

GARAGE 车库

节日零售店　FESTIVAL RETAIL

SECTION A
1/4"=1'-0"

剖面图A（1:48）

PEOPLE MOVER INTEGRATES WITH RETAIL
人行道与零售商店融为一体

绘图类型：剖面图
主题：零售商店
介质/技法：用圆珠笔和彩色铅笔绘制
原始尺寸：12in×14in（30cm×36cm）
来源：王氏国际联合公司

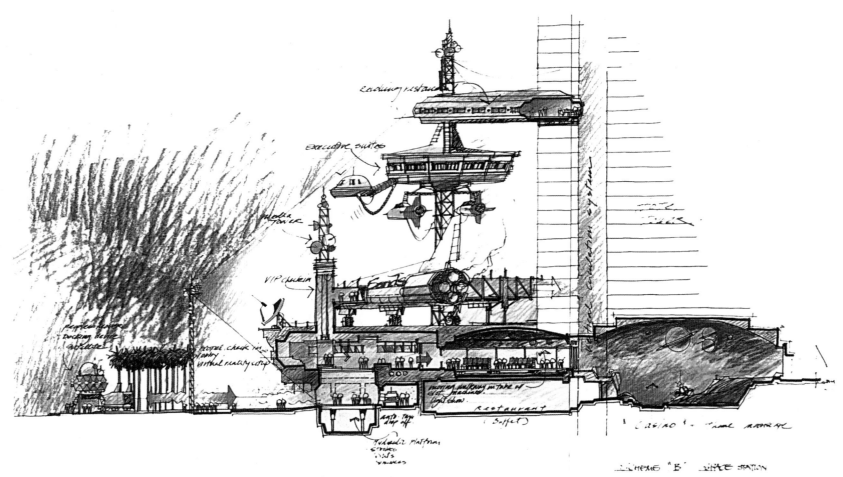

绘图类型: 立面图
主题: 娱乐主题
介质/技法: 用彭特尔记号笔和彩色铅笔绘制在白色描图纸上
原始尺寸: 18in × 30in (46cm × 76cm)
来源: 王氏国际联合公司; 斯塔宾斯联合公司

10 剖面图

绘图语言

剖面图和立面图的绘图语言可以分成四大类：建筑、植物、设计要素和辅助要素。平面图需要抽象的、规范化的图例，而剖面图和立面图的绘图语言中则包含了与真实事物相类似的图像。

绘图类型：剖面示意图
主题：零售社区
介质／技法：用贝罗尔黑线笔和彩色马克笔绘制在白色描图纸上
原始尺寸：36in × 18in (91cm × 46cm)
来源：佐佐木联合公司

建筑

关于建筑主体剖面图和立面图的资料可以从建筑师绘制的图纸中获得。根据设计意图，这些图纸可以调整或者重绘，进行一些景观方面的加工，在建筑物前面添加其他的景观设计要素。如果立面图想要在建筑物之前显示街景树，则只要在建筑立面图中突出这些树就可以了。反之，如果想要强调建筑物，建筑物之前的树就应该画得更抽象而简练。

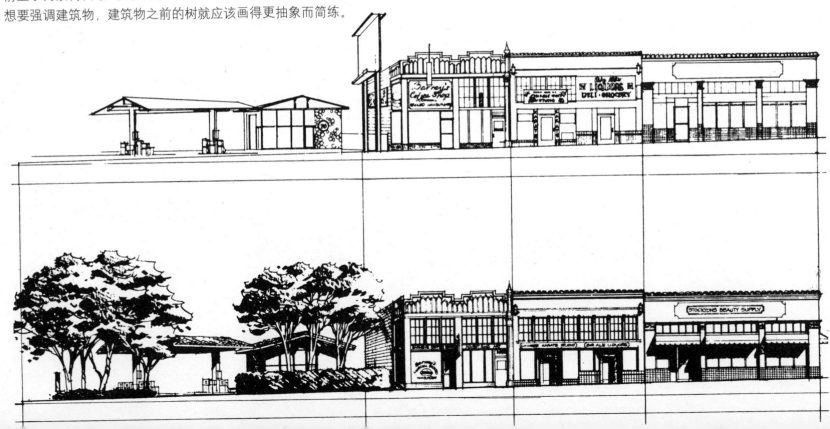

上图
绘图类型：剖面图
主题：零售商店
介质／技法：计算机制图
原始尺寸：24in × 18in (61cm × 46cm)
来源：达戈斯蒂诺·伊佐·夸克建筑师事务所

下图
绘图类型：立面图
主题：住宅区
介质／技法：用铅笔绘制在描图纸上
原始尺寸：24in × 16in (61cm × 41cm)
来源：王氏国际联合公司

植物

在剖面图和立面图中,植物是最重要的元素。因为在侧视图中植物材料的表现形式远比它在平面图中的表现形式复杂,所以设计者必须清楚地了解各种树木的形状,掌握用图形描绘它们的方法。与平面图中重复画圆来表示植物不同,剖面图和立面图中所绘的植物材料必须能够表示出每一种植物的种类、枝形、年龄和叶形。这就意味着设计者必须了解基本树形和植物的生长方式。

例如,像针栎等枝条形状笔直的树木和有着柔软的不规则拱形枝条的柳树大不相同,美国五针松这样的常绿树也有着和云杉完全不同的叶形。这些姿态、枝形和叶形的不同在景观设计中是非常重要的,因此在剖面图和立面图中不应该一视同仁。了解这些区别的最好办法就是搜集树木和灌木的照片或速写以便参考。

画树有多种方法,最有效的方法是,先用简单的线条画出树木的轮廓线(因为树干限定了树木间的间距,所以必须先画树干),接着从树干拉出线条来表示枝条,最后以点画法或潦草的线条来表示树叶和填充树冠。

树的画法

轮廓法　　轮廓线结合枝条的画法

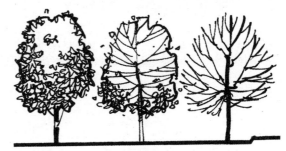

纹理法　　纹理结合轮廓线的画法　枝条法

基本树形

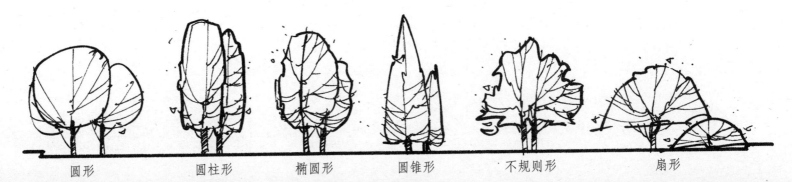

圆形　　　　圆柱形　　　椭圆形　　　圆锥形　　　不规则形　　　扇形

平面图

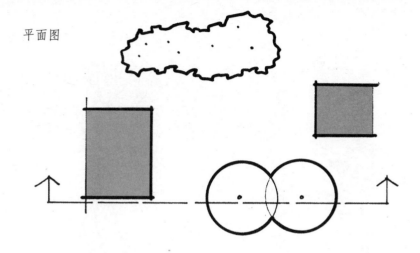

立面图

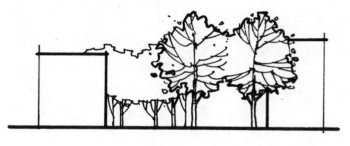

背景树要用细线来绘制。因为它是垂直投影图，所以它与正面图中的其余部分都是用相同比例绘制的。

平面图

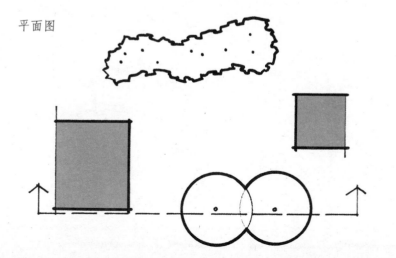

透视图

由于透视的关系，所以背景树要小一些。

落叶树画法举例

常绿树画法举例

前景树画法举例

这些图例是构图的基本骨架。前景树应当画得更详细，闭合的轮廓线要用粗线绘制。

树木画法

典型的树木枝条图例

先用细铅笔线条勾画轮廓,然后勾画主要枝条并加粗树干,再添上其
余的枝条, 最后点缀一点树枝摇摆的迹象。

绘制灌木的方法类似于绘制树木。轮廓线结合枝条的图例是表示灌木最有效的符号。纹理法则用来表现树叶和地被。

基本灌木形式

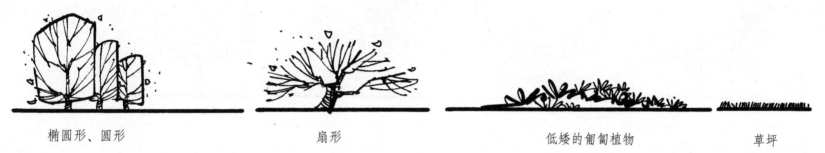

椭圆形、圆形　　　　　　　扇形　　　　　　　低矮的葡匐植物　　　草坪

轮廓线结合枝条的画法　　　　　　　　　　　　　　　　　　　纹理法

纹理法

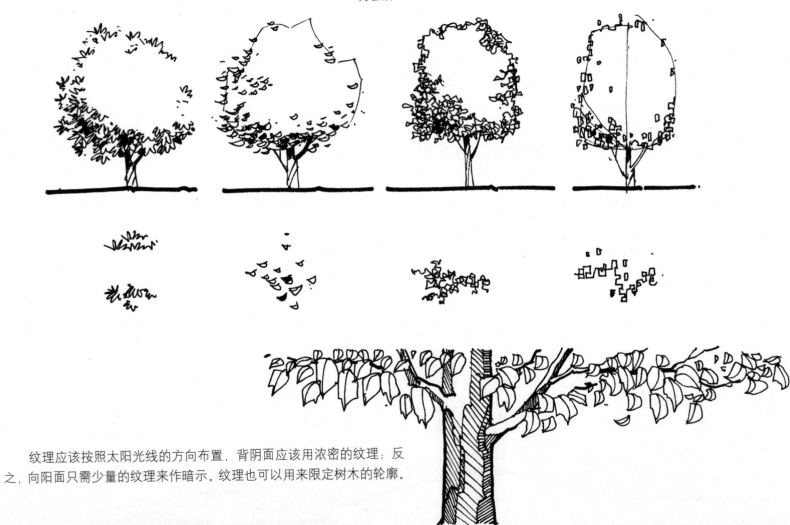

纹理应该按照太阳光线的方向布置，背阴面应该用浓密的纹理；反之，向阳面只需少量的纹理来作暗示。纹理也可以用来限定树木的轮廓。

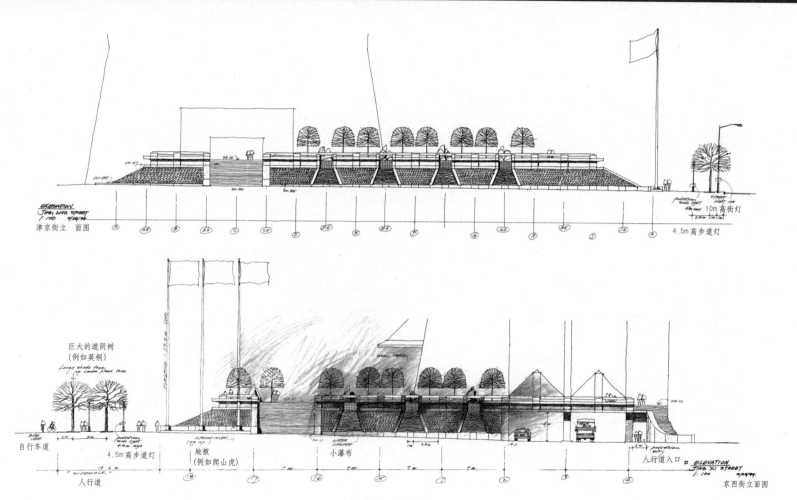

ELEVATION
JING, ZING STREET
1:100　5/24/94
津京街立面图

10m 高街灯

4.5m 高步道灯

巨大的遮阴树
（例如英桐）

Large shade tree
eg London plane tree

自行车道

4.5m 高步道灯

地被
（例如爬山虎）

小瀑布

人行道入口

人行道

ELEVATION
JING XI STREET
1:100　5/24/94
京西街立面图

绘图类型：立面图
主题：广场
介质／技法：用贝罗尔黑线笔绘制在白色描图纸上，并用彩
色铅笔着色
来源：王氏国际联合公司

人物

在剖面图和立面图中，人物是非常重要的。把它与其他设计要素放在一起，可以使设计更富于人性化，还可以作为大小尺度的参照物。其绘制比例应该与其所在的剖面图或立面图的比例接近。人物布置的地点和数量的多少应该从图纸的整体布局来考虑。画人物的目的是加强设计效果，因而它不应成为关注的焦点。所以，在剖面图和立面图中，要仔细挑选与设计主题相匹配的、符合场景的人物。当把人物放进剖面图和立面图时，其衣着、年龄、性别、行为都须仔细斟酌。从杂志或照片上取得图像后进行编辑汇总是一种获取资料的有效途径。这些人物剪贴图可以很容易地放大或缩小以适应图纸的比例。这种方法可以为图纸带来一种真实的感觉，还可以使非常平凡的剖面图和立面图更加生动活泼。

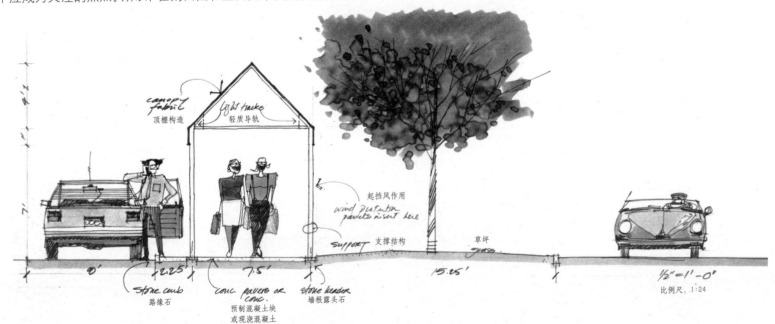

绘图类型：剖面图／立面图
主题：停车场
介质／技法：用贝罗尔黑线笔和彩色马克笔绘制
原始尺寸：14in × 24in（36cm × 61cm）
来源：王氏国际联合公司

绘图类型：立面图
主题：水族馆入口
介质／技法：用贝罗尔黑线笔和彩色马克笔绘制在白色描图纸上
原始尺寸：18in × 24in（46cm × 61cm）
来源：佐佐木联合公司

地面

剖面图和立面图中的地面是无关紧要的,因为它只被表示成一条粗轮廓线。为了更清晰地表现轮廓线的变化,有时可在其下方加上基础。这样可以使基线更沉稳,从而加强了对比效果。

剖面图和立面图都是二维视图,它们不能显示透视,因而不能给观众以深度的感觉。在剖面图和立面图中改变线宽是表现深度的关键。剖切线通常都是最粗的线,因为它是最靠近观察者的。这种粗重的线条还建立了图纸稳定的基调。远处的物体应该用较细的线条来画,但其轮廓最好要用中粗线来限定。尽管地表变化各不相同,但我们还是经常使用填充图来为所有的剖面图和立面图建立一个统一的基础。

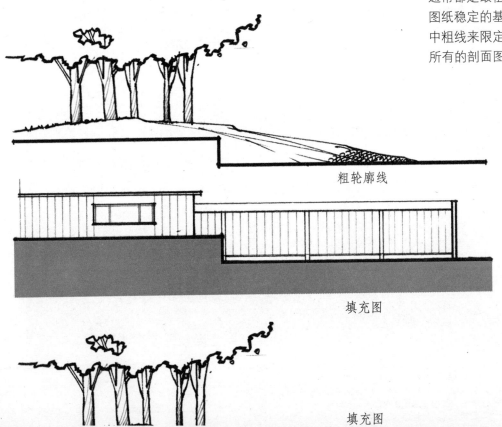

粗轮廓线

填充图

填充图

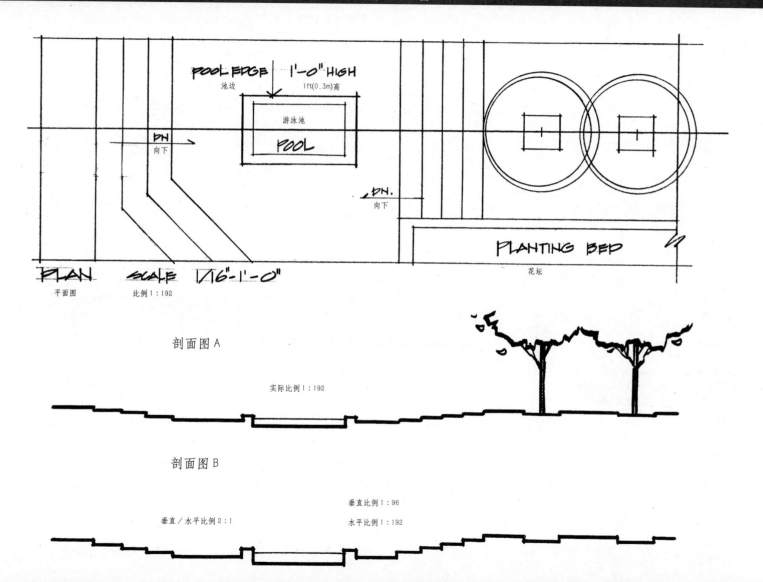

POOL EDGE 1'-0" HIGH
池边　　1ft(0.3m)高

游泳池
POOL

DN
向下

DN.
向下

PLANTING BED
花坛

PLAN　SCALE 1/16"-1'-0"
平面图　　比例1：192

剖面图 A

实际比例1：192

剖面图 B

垂直比例1：96

垂直／水平比例2：1　　水平比例1：192

绘图类型：立面图
主题：滨水区发展规划
介质／技法：用铅笔绘制在描图纸上
原始尺寸：36in × 48in (91cm × 122cm)
来源：佐佐木联合公司

注解

　　剖面图和立面图常常必须依靠注解来阐明其信息。注解应该在图纸布局时已预先计划好,决不能事后添加。其内容应当做到有组织,前后一致,并且简明扼要。应当选择与整个作品相适应的字体和字号。

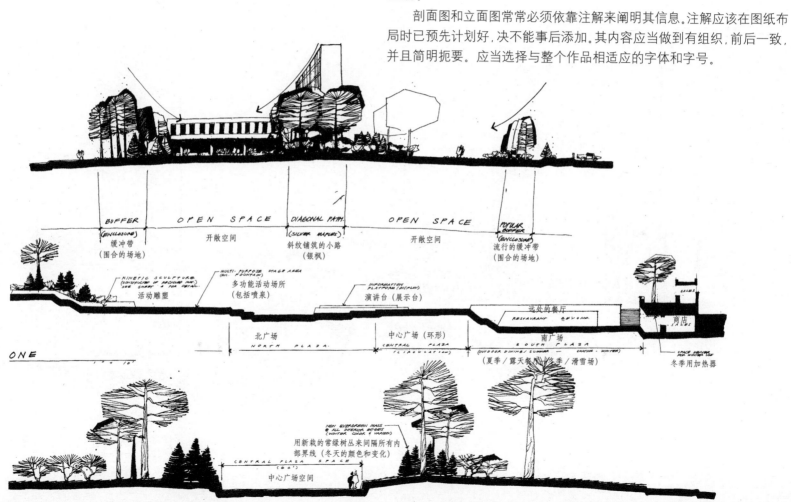

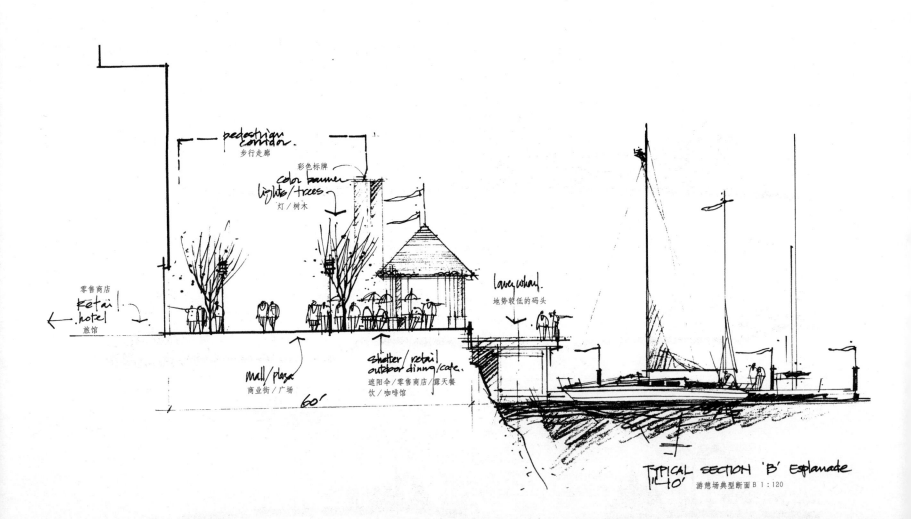

pedestrian
corridor.
步行走廊

彩色标牌

Color banner
lights/trees
灯／树木

lower wharf.
地势较低的码头

零售商店
Retail.
hotel
旅馆

mall/plaza
商业街／广场

60'

shelter/retail
outdoor dining/cafe.
遮阳伞／零售商店／露天餐
饮／咖啡馆

TYPICAL SECTION 'B' Esplanade
1"=40'
游憩场典型断面 B 1：120

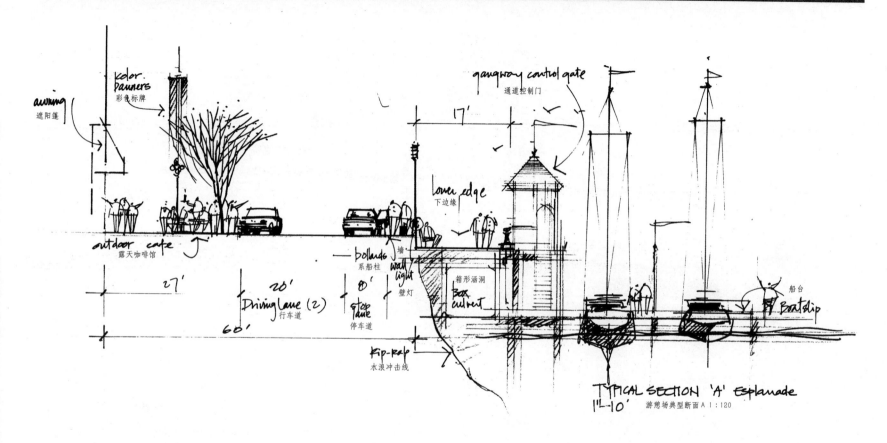

awning
遮阳篷

kolor.
banners
彩色标牌

gangway control gate
通道控制门

lower edge
下边缘

outdoor cafe
露天咖啡馆

bollards
系船柱

wall
light
壁灯

箱形涵洞

Box
culvert

船台

Boatslip

27'

20'
Driving Lane (2)
行车道

8'
stop
Lane
停车道

60'

Rip-Rap
水浪冲击线

17'

TYPICAL SECTION 'A' Esplanade
1"L-10' 游憩场典型断面 A 1:120

对开页：
绘图类型：剖面图／立面图
主题：码头区游憩场
介质／技法：用铅笔和贝罗尔黑线笔绘制在白色描图纸上
原始尺寸：11in × 17in (28cm × 43cm)
来源：王氏国际联合公司

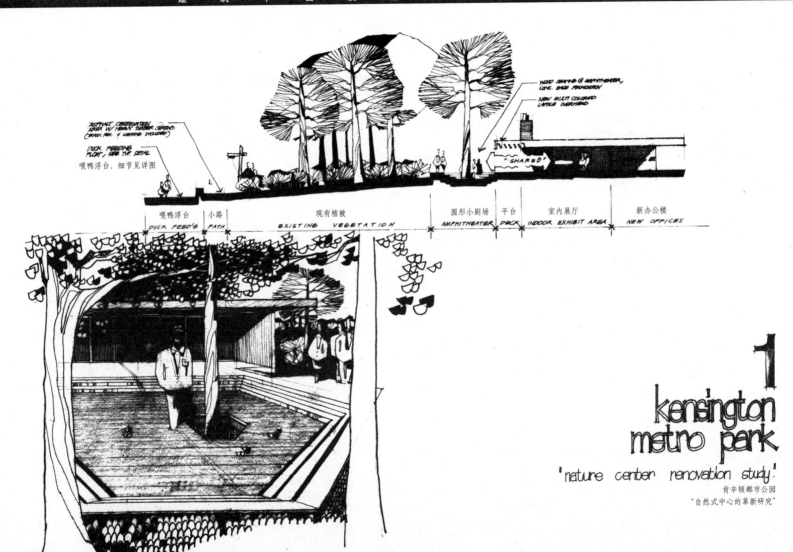

喂鸭浮台，细节见详图

EXISTING CREATION
AREA W/HEAVY TIMBER SEATING
(TRASH REC. & LIGHTING INCLUDED)

DUCK FEEDING
FLOAT, SEE TYP. DETAIL

WOOD SEATING @ AMPHITHEATER,
CONC. BASE FOUNDATION

NEW MULTI COLORED
LATTICE OVERHEAD

"SHARED"

| 喂鸭浮台 | 小路 | 现有植被 | 圆形小剧场 | 平台 | 室内展厅 | 新办公楼 |
| DUCK FEED'S | PATH | EXISTING VEGETATION | AMPHITHEATER | DECK | INDOOR EXHIBIT AREA | NEW OFFICES |

1
kensington
metro park
'nature center renovation study'
肯辛顿都市公园
"自然式中心的革新研究"

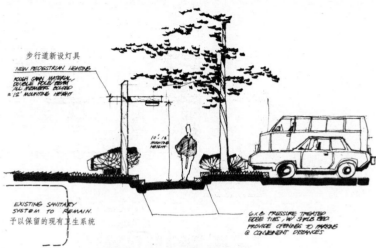

步行道新设灯具
NEW PEDESTRIAN LIGHTING
ROUGH SAWN MATERIAL,
DOUBLE POLE BEAM,
ALL MEMBERS BOLTED
*12' MOUNTING HEIGHT

10'-15'
MOUNTING
HEIGHT

EXISTING SANITARY
SYSTEM TO REMAIN.
予以保留的现有卫生系统

6 X 6 PRESSURE TREATED
EDGE TIES, W/ SHRUB BED
PROVIDE OPENINGS TO PARKING
@ CONVENIENT DISTANCES

typical pedestrian
walkway @ parking

标准的散步道和停车场

2
kensington
metro park

肯辛顿都市公园

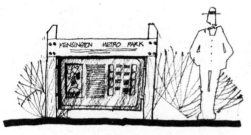

KENSINGTON METRO PARK

park information

公园布告牌

四边为木质的公路
标牌，刻着凹凸图
案，涂有防腐剂或
颜色标识。

ROUTED WOODEN
TRAIL IDENTIFICATION
MARKER, RAISED OR
RECESSED GRAPHIC,
PRESSURVATIVE STAIN
OR EMPLOY COLOR
IDENTIFICATION.

DIRECTIONAL
INDICATOR OR
ADDED INFO.
指示方向或
其他信息

trail signage

路标

30"-36"

木质顶盖，留有10in
(25.4cm)宽的方形开口

四面为木质条板（刻
有凹凸图案）

WOOD TOP, HINGED
W/ 10"□ OPENINGS

ROUTED WOODEN
SIDE PANEL
(RAISED OR RECESSED
GRAPHIC)

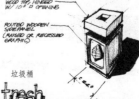

垃圾桶

trash
containers

CONCEALED
LIGHT FIXTURE
遮盖灯具的固定装置

3in × 6in(7.6cm × 15.2cm)的磨光装饰面板
3 X 6 FINISH DECK
MATERIAL

4 X 12 STRUCTURAL
BEAMS, 24.0" O.C.
TYPICAL

4in × 12in(10.2cm × 30.5cm)
的结构柱

2in × 4in(5.1cm × 10.2cm)
的漂浮磨光装饰面板
2 X 4 FLOAT FINISH
DECK MATERIAL

FLOTATION MATERIAL,
STYROFOAM 漂浮材料，泡沫聚苯乙烯

typical feeding float /
pedestrian bridge section

喂鸭浮台/人行天桥典型剖面图

3
kensington
metro park

肯辛顿都市公园

NEW DENSE SHRUB
PLANTING @ POND EDGE
TAPER OFF
新的灌木群距池塘边缘越近越少

INFORMAL ROCK
OUTCROP W/ PLANT
MASSES @ WATER
自然的岩石裸露区/滨水的大量植物区域

6" WOODEN RISERS
DOWN TO FLOAT
通往浮台的 6in(15.2cm)木质梯级

REMOVEABLE WOOD
FLOAT FOR FEEDING,
SIM. @ FORMAL FEEDING
AREA.
简单可移动式木质喂鸭浮台和正式的喂养区

计算机制图

本书不可避免地要谈及计算机绘图这个主题以及它对当代平面图和剖面图绘制的影响。几乎所有的设计室都将使用计算机辅助设计和图形绘制过程作为标准模式。术语"AutoCAD"几乎成了任何类型设计作品的同义词,计算机绘图迅速变成设计教育的主干学科。显然,我们从这种技术进步中已经获益匪浅。现在我们已经有了可以根据我们的要求轻易重获和加工使用的精确的信息数据库。我们只需用指尖轻敲键盘,就可以获得大量的设计选择,而这一过程所花费的时间远远少于手工绘图所花费的时间。这种技术突破受人欢迎,令人兴奋。

平面图和剖面图的绘制方法必须针对这种改变作出反应,设计专业人员已经对此采取了很多方法。其中最重要的实践体现在施工文件的制作上(见第124页)。在平面图和剖面图中使用统一的尺寸和注解可以轻而易举地表现设计布局和细节。许多深入设计图都用"AutoCAD"来绘制和修正。也许计算机绘图目前唯一未能占据的就是分析图和概念图设计阶段。由于手绘的随意性和自发性更接近思维的轨迹,设计者更习惯于用手绘的方法对于头脑中产生与接收的信号、刺激取得更加直接而流畅的反应。由于分析图和概念图的绘制缺乏标准和惯例,所以我们不可能形成一种普遍适用而且令计算机能有效使用的图形表达方式。第125页的图形就是对形象地表达这种空间关系的一种尝试。

因为计算机中图形数据储存、加工和识别的方式特殊,所以计算机绘制的有正交或圆形关系的标准几何体比自然形体更让人舒服(见第126页)。在景观建筑图中,植物和地形是形成设计空间的关键因素。但是由计算机绘制的树木形象通常都是僵硬和缺乏生命力的(见第143、144页)。在计算机绘制的平面图和剖面图中,树木图形效果的表达很大程度上依赖于系统中可用的树木图例的多样性(见第145页)。这些图例通常是设计者按固定格式创作或记录的图像。也许这些图像的视觉质量更多地受到设计者输入数据的能力的影响。

某些计算机系统可能会限制这些树木图例的数量,或者由于文件大小的限制而禁止输入更精确的树木图像。真实的树木图像,例如树木的照片或一系列树木的图片,可以通过扫描存储到计算机系统之中。可是,扫描得到的图像往往会占据大量的存储空间,因此要求更先进的计算机和打印机。如果不计成本,这些升级是有好处的。只要费用允许,使计算机绘制的图像变得栩栩如生是没有任何问题的。

也许以上陈述过于简单,但是我确信计算机绘图获得成功的关键是操作计算机的设计者的眼光和意识。对图像作出真实判断的能力不可能通过一天的学习而获得,而是设计者靠长时间个人艺术体验的不断积累而获得的。这种艺术技能来自于长时间的眼观手绘,而且还包括我们对于设计与美学基本原理的理解。对于那些愿意通过计算机来转化和运用这些知识和技能的人来说,科技手段总是有益的。然而,培养能够直观地对一幅图进行判断和改善的能力比学会计算机绘图更为重要。

绘图类型：剖面图
主题：平台设计详图
介质／技法：AutoCAD 制图
来源：斯塔宾斯联合公司

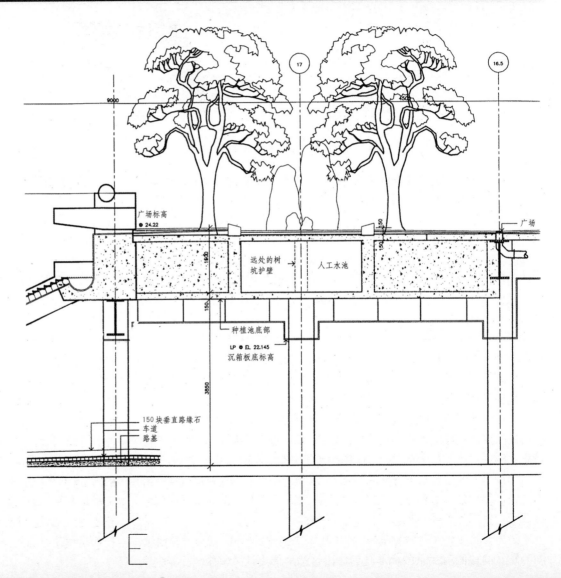

广场标高
◉ 24.22

远处的树
坑护壁

人工水池

广场

种植池底部

LP ◉ EL 22.145
沉箱板底标高

150 块垂直路缘石
车道
路基

Interzone Linkage 区间联系

-minibus	小型公共汽车
-train	火车
-cable car	电缆车
-rental car	出租车
-new 'superfast' transportation system	新型"超高速"运输系统

绘图类型：空间关系和区间联系图
主题：赛车中心
介质／技法：苹果电脑软件制图
来源：王氏国际联合公司

ENTRY
入口

Instruction Zone
训练区

Village Zone
社区

Motor Sports Home
赛车运动场

Mg'mt. & Maint. Zone
管理和维修保养区

ENTRY
入口

Eco-rec'n Zone
生态娱乐区

Rec'n & Sport Zone
娱乐、运动区

ENTRY
入口

空间关系和区间联系

Spacial Relationship & Interzone Linkage

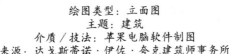

绘图类型：立面图
主题：建筑
介质／技法：苹果电脑软件制图
来源：达戈斯蒂诺·伊佐·夸克建筑师事务所

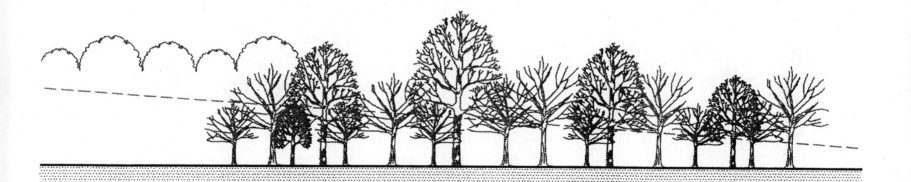

绘图类型：剖面图
主题：树木
介质／技法：AutoCAD 制图
来源：斯塔宾斯联合公司

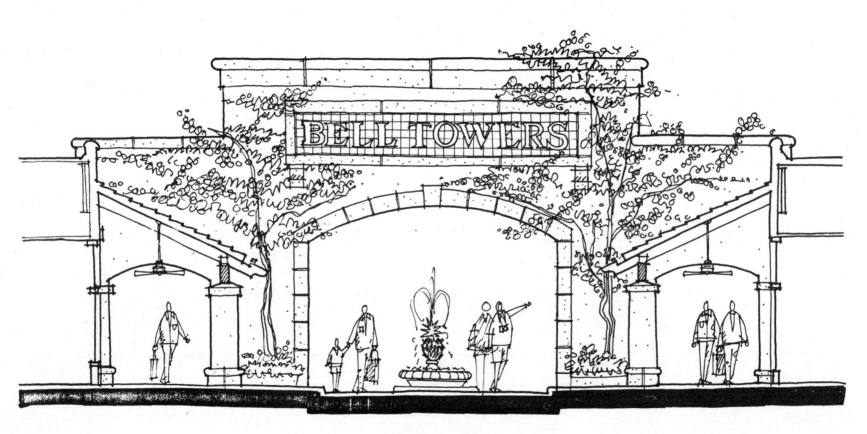

绘图类型：立面图
主题：内庭
介质／技法：手绘
来源：达戈斯蒂诺·伊佐·夸克建筑师事务所

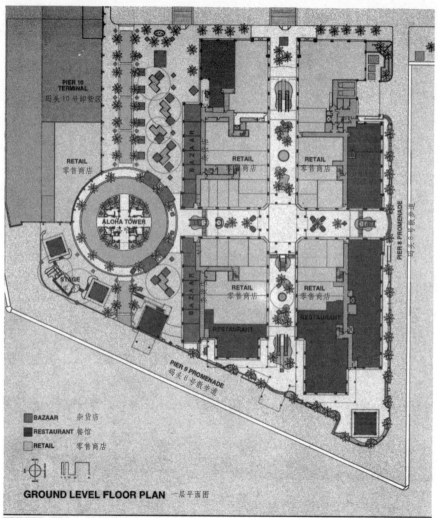

GROUND LEVEL FLOOR PLAN 一层平面图

绘图类型：总平面图
主题：滨水区详图
介质／技法：苹果电脑软件绘图
来源：达戈斯蒂诺·伊佐·夸克建筑师事务所

THE WATERFRONT AT ALOHA TOWER
HONOLULU, HAWAII

阿洛哈塔滨水区
夏威夷火奴鲁鲁

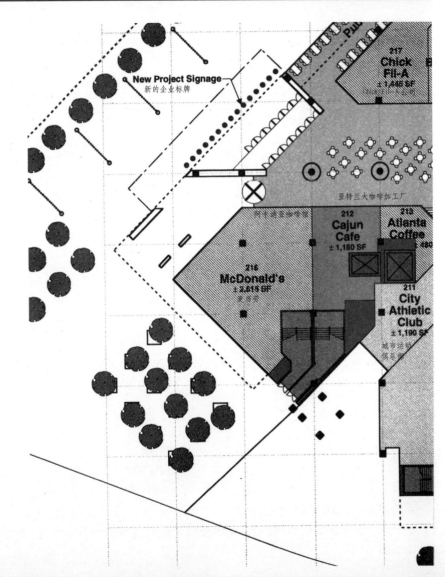

绘图类型：建筑平面图
主题：购物中心
介质／技法：苹果电脑软件制图
来源：达戈斯蒂诺·伊佐·夸克建筑师事务所

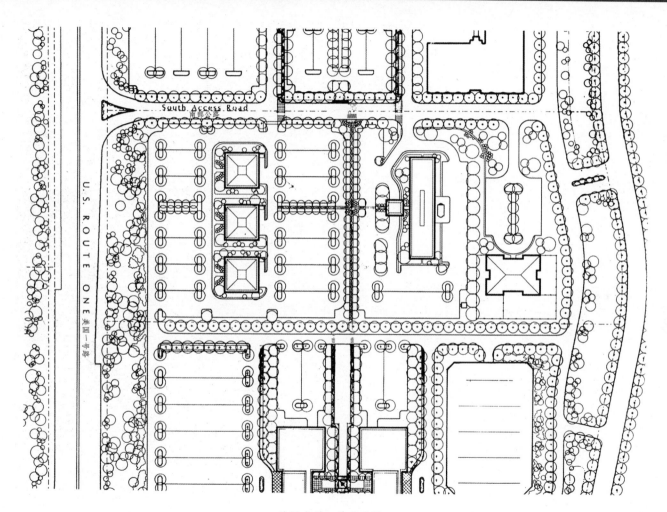

绘图类型：总平面图
主题：综合性办公建筑
介质／技法：AutoCAD 制图
来源：斯塔宾斯联合公司

国外高等院校建筑学专业教材

结构与建筑 原书第二版

[英] 安格斯·J. 麦克唐纳 著 陈治业 童丽萍 译

ISBN 978 - 7 - 5130 - 1258 - 4 16 开 144 页 定价：26 元

本书以当代的和历史上的建筑实例，详细讲述了结构的形式与特点，讨论了建筑形式与结构工程之间的关系，并将建筑设计中的结构部分在建筑视觉和风格范畴内予以阐述，使读者了解建筑结构如何发挥功能；同时，还给出了工程师研究荷载、材料和结构而建立起的数学模型，并将他们与建筑物的关系进行了概念化连接。

建筑经典读本（中文导读版）

[美] 杰伊·M. 斯坦 肯特·F. 斯普雷克尔迈耶 编

ISBN 978 - 7 - 5130 - 1347 - 5 16 开 532 页 定价：68 元

本书精选了建筑中，特别是现代建筑中最经典的理论和实践论著，撷取其中的精华部分编辑成 36 个读本，全面涵盖了从建筑历史和理论、建筑文脉到建筑过程的方方面面，每个读本又配以中英文的导读介绍了每本书的背景和价值。

建筑平面及剖面表现方法 原书第二版

[美] 托马斯·C. 王 著 何华 译

ISBN 978 - 7 - 5130 - 1259 - 1 横 16 开 156 页 定价：32 元

本书不仅展示了大量的平面图和剖面图成果，更强调了平面图和剖面图绘制中"为什么这样做"和"怎样做"等问题。除了探讨绘图的基本技巧外，本书也讲述了一些在绘图中如何进行取舍的诀窍，并辩证地讨论了计算机绘图的利与弊。

学生作品集的设计和制作 原书第三版

[美] 哈罗德·林顿 编著 柴援援 译

ISBN 7 - 80198 - 600 - 8 16 开 188 页 定价：39 元

本书介绍了学生在设计和制作作品集时遇到的各类问题，通过 300 个实例全面展示了最新的学生和专业人士的作品集，图示了各式各样的平面设计，示范了如何设计和制作一个优秀的作品集，并增录了关于时下作品集的数字化和多媒体化趋势的基本内容。

建筑设计方略——形式的分析 原书第二版

[英] 若弗雷·H. 巴克 著 王玮 张宝林 王丽娟 译

ISBN 978 - 7 - 5130 - 1262 - 1 横 16 开 336 页 定价：45 元

本书运用形式分析的方法，分析了建筑展现与建筑的实现过程。第一部分在一个从几何学到象征主义很广的范围内讨论了建筑的性质和作用；第二部分通过引述和列举现代建筑大师——如阿尔托、迈耶和斯特林——的作品，论证了分析的方法。书中图解详尽，为读者更深入地理解建筑提供了帮助。

建筑 CAD 设计方略——建筑建模与分析原理

[英] 彼得·沙拉帕伊 著 吉国华 译

ISBN 978 - 7 - 5130 - 1257 - 7 16 开 220 页 定价：33 元

本书旨在帮助设计专业的学生和设计人员理解 CAD 是如何应用于建筑实践之中的。作者将常见 CAD 系统中的基本操作与建筑设计项目实践中的应用相联系，并且用插图的形式展示了 CAD 在几个前沿建筑设计项目之中的应用。

建筑结构原理

[英] 马尔科姆·米莱 著 童丽萍 陈治业 译

ISBN 978 - 7 - 5130 - 1261 - 4 16 开 304 页 定价：45 元

本书试图通过建立一种概念体系，使任何一种建筑结构原理都能够容易被人理解。在由浅入深的探索过程中，建筑结构概念体系通过生动的描述和简单的图形而非数学概念得以建立，由此，复杂的结构设计过程变得十分清晰。

建筑初步 原书第二版

[美] 爱德华·艾伦 著 戴维·斯沃博达 爱德华·艾伦 绘图 刘晓光 王丽华 林冠兴 译

ISBN 978 - 7 - 5130 - 1068 - 9 16 开 232 页 定价：38 元

本书总结了作者 60 多座楼房的设计经验，通过简明的非技术性语言及生动的图画，抛开复杂的数学运算，详细讲述了建筑的功能、建筑工作的基本原理以及建筑与人之间的关系，有效地帮助人们深刻了解诸多建筑基本概念，展示了丰富的建筑文化和生动的建筑生命力。

建筑视觉原理——基于建筑概念的视觉思考

[美] 内森·B. 温特斯 著 李园 王华敏 译

ISBN 978 - 7 - 5130 - 1256 - 0 横 16 开 272 页 定价：38 元

本书是国内少见的启发式教材，着重于视觉思维能力的培养，对 70 余个重要概念作了生动的阐述，并配以紧密结合实际的多样化习题，是对建筑视觉教育的有益探索。本书曾荣获美国"历史遗产保护荣誉奖"。

解析建筑

[英] 西蒙·昂温 著 伍江 谢建军 译

ISBN 978 - 7 - 5130 - 1260 - 7 16 开 204 页 定价：35 元

本书为建筑技法提供了一份独特的"笔记"，通篇贯穿着精辟的草图解析，所选实例跨越整部建筑史，从年代久远的原始场所到新近的 20 世纪现代建筑，以阐明大量的分析性主题，进而论述如何将图解剖析运用于建筑研究中。